直升機為什麼這樣飛？

能夠在空中變身成飛機的直升機？

引擎就算停止也不會墜落的原因是？

坪田敦史◎著　林鍵鱗◎譯

晨星出版

WOW！知的狂潮

　　廿一世紀，網路知識充斥，知識來源十分開放，只要花十秒鐘鍵入關鍵字，就能搜尋到上百條相關網頁或知識。但是，唾手可得的網路知識可靠嗎？我們能信任它嗎？

　　因為無法全然信任網路知識，我們興起探索「真知識」的想法，亟欲出版「專家學者」的研究知識，有別於「眾口鑠金」的口傳知識；出版具「科學根據」的知識，有別於「傳抄轉載」的網路知識。

　　因此，「知的！」系列誕生了。

　　「知的！」系列裡，有專家學者的畢生研究、有讓人驚嘆連連的科學知識、有貼近生活的妙用知識、有嘖嘖稱奇的不可思議。我們以最深入、生動的文筆，搭配圖片，讓科學變得很有趣，很容易親近，讓讀者讀完每一則知識，都會深深發出WOW！的讚嘆聲。

　　究竟「知的！」系列有什麼知識寶庫值得一一收藏呢？

　　【WOW！最精準】：專家學者多年研究的知識，夠精準吧！儘管暢快閱讀，不必擔心讀錯或記錯了。

　　【WOW！最省時】：上百條的網路知識，看到眼花還找

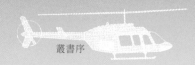
不到一條可用的知識。在「知的！」系列裡，做了最有系統的歸納整理，只要閱讀相關主題，就能找到可信可用的知識。

【WOW！最完整】：囊括自然類（包含植物、動物、環保、生態）；科學類（宇宙、生物、雜學、天文）；數理類（數學、化學、物理）；藝術人文（繪畫、文學）等類別，只要是生活遇得到的相關知識，「知的！」系列都找得到。

【WOW！最驚嘆】：世界多奇妙，「知的！」系列給你最驚奇和驚嘆的知識。只要閱讀「知的！」系列，就能「識天知日，發現新知識、新觀念」，還能讓你享受驚呼WOW！的閱讀新樂趣。

知識並非死板僵化的冷硬文字，它應該是活潑有趣的，只要開始讀「知的！」系列，就會知道，原來科學知識也能這麼好玩！

一同體會漂浮的樂趣

　　比起飛機，筆者其實是先對直升機產生興趣的。在1980年代的美國電視劇中，有幾部是以直升機為題材，而好萊塢電影中的動作場景也經常使用到直升機。那時正是貝爾直升機公司或法國航太不斷生產出富速度感、具流線造型、帥氣的優質直升機的時期。

　　飛機是不去機場就沒什麼機會看得到，而且如果不是搭客機移動的人，除了旅行時也不會特別跑去機場吧？不過，只要住在城市裡，就會看到直升機每天在天空上飛著。是警用？採訪？自衛隊？還是其他呢……筆者每天只要聽到直升機的聲音時，都會眺望著天空。我並不是在自誇，現在光聽聲音，大多都能猜得出機種。

　　直升機是不可思議的交通工具，會讓人沉迷不已。只要旋轉機翼，就能夠像竹蜻蜓一樣飛起來，這是每個人都知道的。但，直升機到底是如何取得平衡，並持續自由地飛翔的呢？

　　「發明直升機的人實在太厲害了！」

　　愈是了解飛行的原理，就愈是會這麼想。但究竟是誰發明直升機的呢？這問題並沒有答案。不是本書中所提到的李奧納多‧達文西，也不是伊格爾‧塞考斯基。直升機是無數人向研

發挑戰，經歷了無數次的失敗後，最終得以實用化的交通工具。由這點來看，或許可以說是人類共同擁有的智慧財產。

迄今，我已經在世界上採訪過100種以上的直升機。不斷地訪問開發負責人，從飛行姿態、機艙內部到操縱系統，比較所有的直升機，分析其性能與特徵。尤其最近的直升機，在操縱性、安全性、靜肅性、適居性等各方面都相當傑出，每次看到新的機種，總是會對技術的進步讚嘆不已。

學生時代，我第一次搭上直升機。在飛行當中，我向駕駛員拜託說：「可以做一下懸停（空中靜止）嗎？」時，被以「燃料剩得不多，所以沒辦法。」而拒絕了。當時的我並不能理解那個理由，直到日後查了幾本艱深的教科書後，才知道懸停是需要使用動力（引擎出力）的動作。原本以為減低速度進行空中靜止，會比起前進飛行要來得不耗油，實在是大錯特錯。

另外，我在美國第一次接受操縱訓練時，被教導：「握住駕駛桿（週期變距操縱桿）時要像握雞蛋一樣的感覺」。輕握不能有大動作是鐵則，如果像是在玩遊戲一樣地激烈操作的話，可就不得了了。

　　筆者從各方面深刻地感受到，直升機的飛行原理與操縱方
法，並非一般人所想像得那樣簡單。我從其中挑選出特別重要
的幾點，盡可能地在本書中以淺顯易懂的方式，全面地解說直
升機。雖然仍有許多不夠完善的地方，但如果能讓讀者對於直
升機有些許的認識，那將是我莫大的榮幸。

　　如果您讀了本書後對於直升機愈來愈感興趣，不妨實際地
去參觀，可以的話也請坐上去看看。直升機獨特的飛行感，絕
對是一生難忘的體驗。那是從起飛時，直升機離開地面的瞬間
開始的。更能體會到「正在飛行的感覺」，不，應該說是「正
在漂浮的感覺」才是。筆者今後也將繼續收集直升機的最新資
訊，將其內容淺顯易懂地介紹出去。

contents 目次

第3章 各式各樣的直升機

第4章 直升機的操縱方法

第5章 直升機的構造

第6章 直升機的單純疑問

第7章 直升機場的祕密

什麼是直升機呢？

應該沒有人不曾看過遨翔天際的「直升機」吧？

然而，實際乘坐過的人或許就不多了。

在本章中，將要解說直升機到底是怎樣的交通工具。

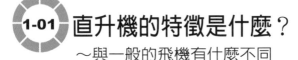

1-01 直升機的特徵是什麼？
～與一般的飛機有什麼不同

「直升機」是「航空器」的一種。

航空器可以概分為「固定翼飛機」與「旋翼機」兩種。所謂的固定翼飛機，顧名思義就是「機翼」是被固定住的，就像大家所熟知的客機等一般的飛機。

而直升機則是機翼會迴轉的航空器，也就是日文所說的迴轉翼機。當然可能因為叫直升機比較容易讓人理解，所以一般人都不會說旋翼機。不過，把這個正式名稱記起來也無妨。雖然也有「飛機」這樣的詞彙，但一般並不會把直升機稱為飛機。一般說到飛機，還是會聯想到固定翼機。

直升機在機體的最上方有著會迴轉的機翼。因此，就不需像鳥的翅膀一樣在左右裝上長機翼。其構造是不固定住機翼，而是組合數根細窄的機翼，透過快速旋轉中心軸以取得「升力」（飛行所需的力量）。但是，其構造非常複雜，需要非常精密的操縱技術。此外，雖然鳥或飛機可以利用翅膀、機翼滑翔，但直升機若不能維持一定的迴轉，馬上就會無法飛行。

但是，直升機可以靜止在空中，並改變方向、後退，是能夠在空中自由活動的劃時代航空器。其特徵是能夠完成飛機所絕對無法模仿的動作，被使用在各種用途之上。

©Eurocopter/Patrick PENNA

↑ 直升機是旋翼機。藉由迴轉多
　片細長的機翼組合，以取得升
　力，操縱很困難。

→ 飛機是固定翼機。除了直升機
　以外，一般有機翼的航空器就
　是飛機。

1-02 直升機不需要跑道
～不論在何處都能起飛、降落

　　直升機可以垂直起飛降落。並不需要像飛機一樣地滑行。因此，可以降落在狹窄的空間，起飛時也能立即向上升。

· 垂直起飛降落

· 「懸停」（空中靜止）

　　這兩點的原理是相同的。直升機一般都是從懸停狀態朝起飛、降落變化。

　　直升機頂端所裝的大型「螺旋槳」（旋翼），就像是電風扇一樣的東西，利用引擎的力量來旋轉以產生風。為了能讓機體浮在空中（取得升力），螺旋槳上添加了許多精密的設計。

　　此外，螺旋槳轉動時會使空氣向下方流動，利用其反動力，就能使機體更輕易地浮在空中。這被稱為「地面效應」（參考4-13）。

　　像這樣使機體朝正上方升起，對直升機來說是非常重要的，沒有一台直升機是無法垂直起飛降落的。相反地，直升機便是以能夠垂直起飛降落的航空器為目的而被發明出來的。更進一步說，直升機能夠前進飛行，也是垂直起飛後的應用操作。這是利用一點一點地改變風向下吹的角度，使其成為機體前後左右移動的力量（推力）。

　　此外，英文的「helicopter」，是由希臘文中的「螺旋」（helico）與「翅膀」（peteron）結合而來。

↑懸停（空中靜止）在離地1m以下高度的直升機。之後，將會變換為起飛。降落
　時也是如此。

↑直升機能降落在各種地點。只要地面平整達一定程度，即使在草地上也沒有問
　題。

直升機為什麼能夠飛行？❶

～以四種力量取得平衡

　　要說明為何直升機能夠飛行，並不簡單。必須要能夠先理解物理法則才行，不過在這裡將大膽地不使用公式來試著加以說明。

　　為了要實現「能夠浮在空中」，且「可以前後左右地移動」，巧妙地取得平衡是相當重要的。

　　飛行中的直升機有著以下四種力量在作用著：

①升力：乃是藉由氣流通過旋轉機翼的作用所產生的向上力量。由於機體取得了升力，所以能夠上升。

②重力：雖然是很理所當然的事，不過機體是存在著重量的。機體搭載了駕駛員或載運著貨物就會變得更重，在重力的影響下會有向下的力量作用著。向下拉的力量，與升力正好相反。這點應該不用說明也能夠想像吧？

③推力：這是使機體前進（移動）的力量，是指能夠使多重的物體移動多少距離。以直升機而言，與引擎動力（引擎出力）有著極大的關係。

④阻力：是直升機在空氣中移動時，與推力相反方向作用的空氣抵抗力。就是將手伸出奔馳中汽車的窗口時，手被往回推的力量。

　　直升機就是透過巧妙地調整這四種力量的強弱，才能夠靈活地飛行。也就是說直升機正是研發出了這樣的構造，並使其能夠被操縱的機器。而操縱直升機的人，當然就是駕駛員嘍！

➡ 作用於機體上的四種力量

Ⓐ hovering（懸停）時

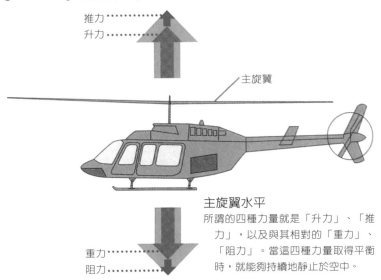

推力 ....
升力 ....

主旋翼

重力 ....
阻力 ....

主旋翼水平
所謂的四種力量就是「升力」、「推
　力」，以及與其相對的「重力」、
　「阻力」。當這四種力量取得平衡
　時，就能夠持續地靜止於空中。

Ⓑ 平直飛行（前進飛行）時

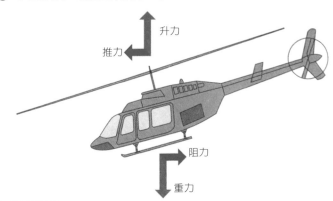

升力
推力
阻力
重力

主旋翼前傾
四種力量中的「推力」變成向前移動的力量。要前進時，只要將主旋翼的旋轉面
稍微往前方傾斜即可。若主旋翼的旋轉面向後傾斜，「推力」與「阻力」的方
向就會變得前後相反，使得直升機能夠向後飛行。同樣地，將主旋翼的旋轉面
向左或向右傾斜，直升機就能夠向左右移動。

直升機為什麼能夠飛行？❷
～利用引擎旋轉機翼取得升力

　　螺旋槳（主旋翼）與飛機所裝的主翼同樣是呈「魚板型」的斷面。只要改變機翼角度，流經機翼上方的空氣與流過下方的空氣的速度就會產生差異，造成壓力變化。這可以用「白努利定律」，即：「運動的流體（液體或氣體）速度變快，流體內部的壓力就會降低」來說明。

　　當機翼前緣碰到風時，機翼上方氣流的流動就會加速，機翼下方流動則會減緩。如此一來，機翼上方的壓力則會降低，相反地機翼下方的壓力則會提高。接著壓力低的上方會產生向上吸提的力量，也就是向上推起的力量。就像在強風中撐著傘，自己也彷彿快要被吹到空中浮起來一般的感覺。這是由於流經傘上方的空氣與進入傘中的空氣流動方式不同所造成的作用。又或者，請試著將手從奔馳中的車裡伸出看看。朝著前進方向將手稍微向上傾斜，手下方就會有風猛烈地碰撞，而產生向上提的感覺。

　　藉由機翼取得升力的基本上，飛機與直升機相同。飛機會以高速起跑，主動與空氣碰撞使主翼與風接觸，製造空氣的流動，來取得升力。直升機則會旋轉與飛機有著同樣斷面的機翼，使機翼碰撞空氣。接著，機翼的前緣就會產生氣流而得到升力。直升機旋轉的機翼所產生的作用，與飛機起跑時飛機的機翼所造成的作用是相同的。

氣流的流動方式與力量的作用
機翼的斷面

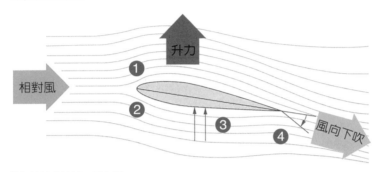

❶ 氣流流動快速＝壓力低

❷ 氣流流動緩慢＝壓力高

❸ 上推力量（向上提拉的力量）的作用＝機體向上漂浮

❹ 機翼的傾角。傾角越大（斷面越傾斜），提拉力量就更能發揮作用，升力也會
越大。結果，就能讓機體急遽地向上漂浮。

↑ 主旋翼的斷面。透過旋轉此機翼與空氣碰撞，產生升力。尾旋翼（請參考
1-15）也是同樣的原理，垂直裝設在機體後部，產生橫向的升力。

↑ 雖然主旋翼看起來像是扁平的板子，但其斷面和飛機機翼形狀是同樣的形狀。
（照片與上方圖的斷面方向前後相反，因為一般的主旋翼是向左旋轉的。）

1-05 光是「竹蜻蜓」是無法飛行的
～需要有反扭矩系統

漫畫「哆啦A夢」裡，出現過只要放在頭上就能夠飛上天空的祕密道具「竹蜻蜓」。但現實中能不能用這種方法來飛行呢？其實這有著相當的困難性。

最容易理解的方法，就是在模型用的小型馬達上裝上螺旋槳，然後試著使其旋轉。你會發現，如果用手拿著馬達機體，馬達機體會與螺旋槳呈相反方向迴轉。如果沒用手緊緊抓住馬達機體，大概就會飛到某處去了。雖然我們可以在自己身上裝螺旋槳讓其迴轉，但如果不能抑制反方向迴轉的力量（扭矩），就無法保持平衡，而這樣的構造也是直升機所不可或缺的，稱爲「反扭矩系統」（扭矩抵銷裝置）。

就像一般所看到的直升機一樣，如果在機體上裝了大型旋翼使其迴轉，就能夠升上空中。但是，同時也會讓機體不斷打轉，爲了抑制其作用所以才有了「尾旋翼」。尾旋翼是以橫向裝設在機體後方，所以可以產生橫向的推力。藉此，就能對於想要旋轉的機體施加反向壓力，將機體壓住。飛行中如果尾旋翼破損，機體真的就會一邊旋轉一邊墜落。另外，就算不是尾旋翼也沒關係。如果是「縱列式雙旋翼」與「同軸反轉式雙旋翼」直升機，本身就具備有反扭矩系統的作用了。

➡ 旋翼的作用與反作用（扭矩）

反扭矩系統的原理

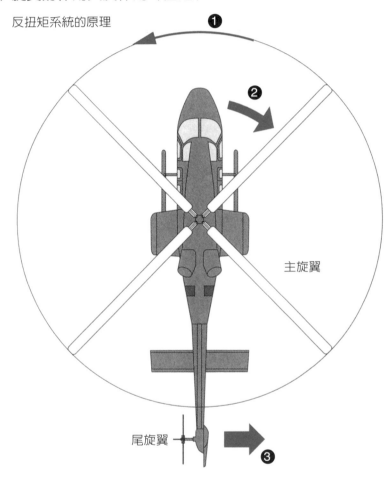

❶ 主旋翼的迴轉方向。一般的直升機是向左迴轉。

❷ 主旋翼產生的方向。用引擎的力量來旋轉主旋翼的話，就會伴隨著產生反作用
　（扭矩），使機體向右旋轉。

❸ 尾旋翼所產生的推力方向。用尾旋翼所產生的推力壓抑住想向右旋轉（偏向右）
　的機體，藉此來維持機首方向，稱為「反扭矩系統」。透過此原理，直升機就算
　旋轉主旋翼，也能夠筆直前進。

※主旋翼向右旋轉的直升機，就需要有與此圖相反方向作用的反扭矩系統。

1-06 直升機大小的極限
～更重要的是追求直升機的便利性

　　從2人座的小機體到可以搭載500人的噴射機，飛機有著各種不同大小的機種。然而，直升機卻因為現實的考量大小的設計存在著極限。世界最大的實用型直升機是俄羅斯的米爾設計局所研發的「Mi-26」，機體全長達40公尺。

　　機體大的話，理所當然地不僅旋翼大，搭載的引擎出力也大。但，要將比Mi-26更大的直升機加以實用化，是相當不切實際的。若要搭載出力大的引擎，也並非無法研發。不過，機體變得愈大其結構就愈複雜，零件的數量也會大量增加。於是，就會造成維護性下降，使得維護與營運成本變得極為龐大。

　　就像前面說過的，直升機最大的優點就在於能夠在狹窄的空間起飛降落。機體變大，就會無法在目前的直升機場起飛降落，而且噪音也會變大，因此，也稱不上是便利的交通工具了。

　　直升機的目的並非在於一次性的大量運輸。世界各地都存著具有跑道的飛行場所，因此將直升機用於直升機場到機場間人員與物資的往返運輸（末端運輸），長距離的移動則交由飛機，如此的模式反倒更有效率。直升機與飛機相比，雖然有著速度較慢、飛行距離短的缺點，但如果是追求直升機特有的便利性，就不是什麼太大的問題了。考慮到技術性問題與營運成本，能夠搭載5～10人，最多20～30人左右的大小便相當足夠了。

↑ 世界最大的直升機，米爾「Mi-26」。由俄羅斯研發、製造。

↑ 19人座直升機，塞考斯基飛機公司「S-92大型載客直升機」。直升機整體上有著比飛機更複雜的構造，零件數也更多。因此，在維護上需要大量的費用。

照片提供：塞考斯基飛機公司

1-07 直升機內又是如何呢？

～由於尾管使機體變長

實際來看直升機內部，最前方會有駕駛座，通常左右兩個位子會裝有同樣的操縱裝置，左右各坐一名駕駛員，在構造上任何一位駕駛員都能進行操縱。坐在駕駛座的話一定能注意到，直升機前方的視野非常良好。這是因為直升機在懸停時，駕駛員必須仔細觀察下方，以目測來判斷位置。

機體的後方是機艙（客艙），以人員運輸為目的的直升機還會設有座位。隨著直升機大小不同，機艙可以乘坐3～10人。

機艙可以配合用途做各種變更。因此，在醫療或救援用的直升機上，就可以運送擔架。相反地，在運送物資的直升機上，就會變成空無一物的載貨空間。

一般的直升機，機體全長約為10～15公尺，為了安裝尾旋翼所以需要有「尾管」，這個部分會達機長一半左右。因此，即便直升機機體全長10公尺（扣除旋翼），機艙的全長也只有3.5公尺左右。

雖然一般從外觀上看不出直升機的引擎是安裝在哪裡，不過通常都會安裝在機體上方。此外，燃料箱常都裝設在機艙下方或後方。

↑最前方的駕駛座。從駕駛艙望出去的視野非常良好。這是為了讓駕駛員能夠以目視的
　方式掌握與地面間的距離，所以必須能夠很清楚地看見下方。

©Eurocopter/ Jérome DEULIN

↑從側邊來看直升機的話，會發現約有一半的機體是為了裝設尾旋翼（後方旋翼）所需
　的尾管。

1-08 直升機可以依用途進行研發
～改造多用途直升機

　　航空器製造業者進行機體研發時，會先考量使用者「將如何使用直升機？」但如果研發、製造出與目的完全不同類型的直升機，若賣不掉就會造成研發費用上的莫大損失。

　　因此，如何研發出可以改造成多種用途、泛用性高的直升機，已成為近來的主流。先完成本體，之後再依需求進行細部的樣式變更，如此就能製造出可對應各種用途的直升機了。

　　直升機的研發需要耗費漫長的時間與龐大的經費。從未研發過直升機的製造商就算想要開始研發，也不是件簡單的事。就算理論上能夠設計出來，但要研發出實際上可確保安全的機體，還是需要漫長的時間去試驗。

　　至今研發出直升機的製造商，是因為有著實驗資料與實際經驗，所以才能在開發新直升機時，能運用先前所累積的方法。也就是說，能夠縮減研發所需的時間及成本。也正因為如此，現在直升機製造商在世界上仍是屈指可數，也是由這些企業獨占市場。

　　然而，由於軍用直升機在使用目的上更為明確、更追求高性能，所以無法只是對泛用型直升機進行細部改造。有時也需要從無到有地研發出嶄新的直升機，不過這時通常都由國家預算來支付，所以並不會有研發經費上的問題。

↑→塞考斯基飛機公司最初為軍事
　用途所研發出的運輸‧泛用型直
　升機「UH-60」（上）。應用了
　UH-60的技術，該公司針對民間
　所研發的機種，即為泛用型直升
　機「S-76」（右）。
　　照片提供：塞考斯基飛機公司

→歐洲直升機公司的戰鬥直升機
　「Tiger」。未曾被民間使用過
　的軍用直升機是投入國家預算
　所研發而成的機種，具有前所未
　有的能力，但因為不斷地嘗試
　錯誤，耗費了相當漫長的研發時
　間。

©Eurocopter/Jerome DEULIN

1-09 直升機誕生於何時？

～第二次世界大戰末期予以實用化

　　在第二次世界大戰末期，像現在外形的直升機開始投入實用並活躍於世界各地。

　　若要更往前追溯直升機的歷史，在飛機上裝上旋翼的「自轉旋翼機」（autogiro）是實用化的開始，其原型是1923年於西班牙所發明出來的。之後，經歷了不斷的錯誤嘗試，1935年法國的布雷蓋（Louis Charles Breguet）研發出了「同軸反轉式」直升機，1936年德國的福克（Heinrich Focke）更是完成了縱列式雙旋翼直升機。此時的福克「Fa-36」成功地完成28秒的初次飛行，隔年更創下了飛行時間1小時20分鐘、高度2400公尺、速度122km/hr的紀錄，擁有相當接近於現代直升機的性能。

　　而塞考斯基飛機公司則在1939年研發出「VS-300」，並完成初次飛行。其主旋翼與尾旋翼的樣式，可說是現在最為普及的直升機原型。其改良版的「R-4」在1942年1月完成初次飛行，成為了世界最早的量產型直升機。R-4被配備於美國陸軍，1944年5月開始進行實戰任務。1946年貝爾直升機公司開始量產「貝爾47」，此款直升機的後續機型為超級暢銷機種，到現在也仍舊持續飛行於空中。

　　戰後，由於研發出了航空器所用的渦輪引擎（噴射引擎），所以也開始考慮研發直升機的噴射化（渦輪軸引擎）。1955年，法國的「雲雀」（Alouette）完成了首次飛行，它是率先搭載了渦輪引擎的實用化直升機，之後世界各地大多數的直升機也開始噴射化直到現在。

↑源自在飛機上裝上旋翼的構想，但並無法加以實用。

照片提供：NASA

↑塞考斯基飛機公司所研發的「VS-300」
　　　　照片提供：塞考斯基飛機公司

╱貝爾直升機公司最暢銷的「貝爾47」。
　　　　照片提供：五十嵐榮二

→最先搭載渦輪軸引擎的直升機，是南方飛機
　公司的「SE3130 Alouette」。照片為其後
　續機種「SA315B Lama」。

　　　　照片提供：川內敏央

1-10 達文西曾經構想過直升機？

～為什麼難以研發成功呢？

　　在此再提一下關於直升機的歷史與其研發過程。古代人早已知道，只要使旋翼迴轉就能夠浮在空中的道理。事實上，由於「竹蜻蜓」只要用木頭就能削成，或許能夠將其應用在交通工具上，這樣的構想在很早以前就有了。而後，19世紀以前許多的科學家便以這樣的構想來進行實驗。順道一提，在西元前400年左右，竹蜻蜓就存在於中國的紀錄中，在日本也曾從奈良時代的遺跡中被挖掘出來，是自古便存在的玩具。

　　在1493年文藝復興時期，義大利天才李奧納多‧達文西構想出了螺旋狀的螺旋槳，當時的草圖至今還遺留著，據說是直升機的祖先。然而，在那個時代並不存在可以讓螺旋槳持續旋轉的動力（能源）。

　　到了20世紀，飛機能夠飛行之後，直升機仍未能立即被當作安全的交通工具而予以實用化，這又是為什麼呢？其中的一點是因為要弄清、解決航空力學的問題並不是件容易的事。空氣的流動是肉眼所看不見的，所以不知該如何才能夠取得平衡。此外，要怎麼才能控制旋翼，研發也需要時間。由於直升機有許多迴轉運動的部分，所以其組合方法相當地複雜，這點只要從現在的直升機構造來看或許就能知道了吧！第一次、第二次世界大戰中的技術革命使構想與實用化結合，終於能以小型、質輕的軸承等，製造出可以承受迴轉運動、材質堅固的零件，這點可說是占了相當重要的部分。

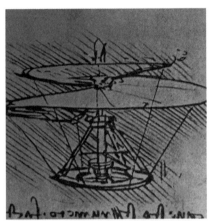

←李奧納多‧達文西的生日是1452年4月15日，在日本被視為「直升機之日」。達文西在1493年所留下的草稿被稱為「空氣螺絲」（air screw）。似乎是以帆船為構想，將螺旋形的帆狀物與立於圓形底座的帆柱結合，只要將其高速旋轉就能飛上天空的構想。

出典：維基百科

↑載人直升機的初次飛行是在1907年。在此4年之前，萊特兄弟於1903年讓動力飛機首次飛行。然而，將其實用化花費了漫長的歲月，第二次大戰結束時，飛機才終於開始量產。照片是世界最早的量產型直升機，塞考斯基飛機公司「R-4」（正確來說是實驗機的HNS‧1/YR-4B Hoverfly）被視為劃時代的航空器，隨即被美軍採用。R-4是由實驗機「VS-300」大幅改良而來。搭載Warner R-550星形引擎、200匹馬力。空機重量952kg，比現代小型活塞式直升機更重。有著巡航速度105km/hr，最高速120km/hr的性能。

照片提供：NASA

變種直升機「空中起重機」

看到這種形狀怪異的直升機，應該很多人都會驚訝得瞠目結舌吧！雖然駕駛座是一般的直升機，但機艙的部分卻空空如也。但因為有完整的主旋翼與尾旋翼，所以還是能充分發揮直升機的機能。雖然是相當罕見的機體，但現在也被當作是運送物資的專門直升機而活躍著。為了盡可能地減輕機體重量，甚至將機艙整個移除。

原本這是塞考斯基飛機公司所研發的「S-64」機種，在越戰時期，美國陸軍試驗性地引入成為「CH-54」，負責戰場上的物資運輸以及墜落航空器的撤離作業。初次飛行是在1964年，且有著「空中起重機」（skycrane）的別名。1992年美國愛瑞克森空中吊車公司從塞考斯基飛機公司手中購得製造權，之後又生產了數種新型機體。

←愛瑞克森空中吊車公司「S-64E」，搭載2具4,500shp的強力引擎，能夠懸吊達9噸重的物資進行運輸。機體空機重量8,724kg，最大起飛重量為19,050kg。

照片提供：加拿大空中吊車公司

第 **2** 章

直升機的各種用途

能靜止於空中（懸停），動作靈巧的直升機，

能被運用在各種用途上。

在本章中將具體介紹，直升機是以怎樣的目的，

以及怎樣的組織所運用的。

照片提供：波音

2-01 旅客運輸、定期航班直升機
～完全發揮直升機的性能之運用

直升機依據其體積有不同的載運量，除了搭載駕駛員以外，也有能搭載4人或10人左右的機體。直升機雖然不能像客機一樣一次搭載大量旅客，但只要是大型的機體也同樣能夠用於「旅客運輸」上。

世界上存在著用直升機做「定期航班」的運輸服務。有時刻表，依照預定時間往返於城市裡的直升機場與郊外機場間載運旅客。

由於直升機能夠輕易地起降於沒有機場的地方，是分秒必爭的上班族等相當喜愛的交通工具。然而每次能搭乘的人數少，營運成本也比飛機要高，所以機票價格也自然而然地水漲船高。因此，使用乘客大多為中上流階級的人。

在泡沫經濟的時代，日本曾有連結羽田機場與成田機場的直升機定期航班，但後來因搭乘率低而廢止了。機票價格昂貴雖然也是其中一項原因，但日本是因為全年天候因素不穩定，導致停飛率高。就算特地預約了，卻又可能因為天候不佳而停飛，如此情況也難怪乘客會擔心不已了。

以國際為例，香港與澳門都有直升機的定期航班，在塞車情況嚴重的巴西聖保羅，直升機更猶如商業人士的雙腳般活躍著。

長年以來，日本在伊豆諸島有著直升機的每日航班（東京愛島客運公司）。成了青之島、御藏島、利島等沒有機場的離島所不可或缺的運輸方式。

↑在海外，也有些地區頻繁使用直升機來運輸都市地區的商業人士。

照片提供：貝爾直升機公司

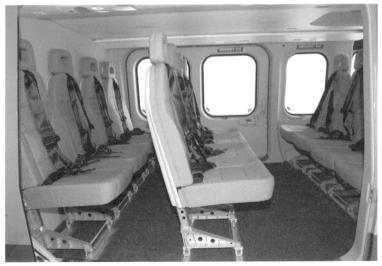

↑運送旅客的定期航班直升機機艙內部。4人座座椅3排，可搭載12人。

照片提供：奧古斯塔魏斯蘭公司

2-02 物資運輸直升機
～能將物品運送至任何地方的勤勞者

　　直升機可以進行懸停（空中靜止），所以能夠輕易地將物資運往沒有飛行場（跑道）的地方。雖然每種機體都有其起飛重量的限制，但大多都不用來載客，而多以運送物資為主要目的之飛行。

　　直升機在日本主要活躍在山岳地帶，將生活物資運送到深山小屋，或是將重型機械與水泥等機具材料運送到水庫等建築工地。徒步或搭車需要好幾個小時路程的地方，搭直升機只要幾分鐘就能抵達了，怎能不活用如此機動力？此外，輸電線（鐵塔）的維護作業也是直升機大顯身手的場合。

　　機內所無法容納的物資，可以用繩索吊掛在機體下的方式來運輸，稱做「吊運」。在1964年8月15日，為了建造富士山觀測所，用直升機將雷達天線罩運至山頂，此事蹟至今仍不斷流傳。以當時直升機的性能，引擎出力相當有限，要將重達600kg的物資搬運到3,776公尺高的高度是非常困難的。

　　這樣的運輸事業被稱為「貨物運輸」。對於進行直升機營運公司而言，貨物運輸是重要的工作之一。此外，軍隊或自衛隊吊運任務所需物資的畫面也經常出現在電影中，對民眾而言也是在一般公開場合都能看得到的景象。

　　此外，在海上有石油或天然氣設施存在，因此直升機也有著運送人員或物資到這類場所的功能。

↑ 直升機正以懸吊方式將水泥運往山岳地帶的建築工地。

↑ 海上的「鑽井平台」（石油鑽井）上會設置直升機坪，以直升機運送人員與物
資。

2-03 採訪直升機
～從上空傳送影像是其重要任務

　　現今每當有大型事件或事故時，就能馬上從新聞中看到高空影像。從高空攝影比從地面上觀看，更能夠清楚地掌握狀況，這稱為「空攝」。由於直升機能夠懸停，所以是相當適合空攝的航空器。為了拍攝一個相同的場所，就需要在上空不斷盤旋，但飛機無法靜止於空中。

　　為了能將現場情況傳到每一戶人家，日本全國各地都配置了總數達50架以上的「採訪直升機」。

　　電視台方面，NHK與民營電視台，會各自與直升機公司進行業務合作，隨時做好「出動」的準備，以預備全國各地所發生的事件。比方來說，如果是東京地區，NHK的採訪直升機是由全日本直升機公司所駕駛，於東京直升機場待機。地方上也做好了完善的採訪準備，像北海道的直升機，就待命於丘珠機場（札幌市）。

　　朝日、讀賣、每日等大型報社，會由公司自行駕駛採訪直升機，配置於羽田機場。地方的報社與電視台，也會視情況所需向合作的航空公司租借直升機，讓攝影師搭乘進行空攝。

　　而如果是報紙，攝影師只要從直升機窗邊攝影就好了，但如果是新聞畫面，就需要在直升機機體外部搭載專用攝影機，於機內進行操作。由於直升機的震動較大，為了讓影像保持清晰，都會搭載有「防震攝影機」。最近為了因應高畫質，搭載機具變得更加沉重，採訪直升機也出現了大型化的趨勢。

↑ NHK的採訪直升機，歐洲直升機公司的「AS365N2」。利用搭載於機外的防震攝影機進行攝影。由專人在機內進行攝影機操作。也裝有天線，擁有能傳送即時影像的設備。可以在高空進行實況轉播。

↑ 報社所使用的直升機。攝影師乘坐在上面。大部分的情況都是委託航空公司來駕駛，公司本身擁有直升機的僅限於大型企業。

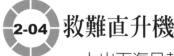

2-04 救難直升機
～上山下海吊起受困者

　　直升機或許就是以在救難、救援的現場大為活躍而聞名的吧！救難隊員從直升機上懸吊而下，又或吊起受困者的場景，應該也曾在電視上看過吧？這是能夠懸停的直升機才得以施展的「絕技」。

　　救難用直升機上，裝備有稱為「吊索」（hoist）的自動上捲式繩索。一般的吊索具有能吊重250kg的性能，以及能夠同時懸吊隊員與兩名受困人員。

　　日本的警察廳（各都道府縣的警察）、海上保安廳、自衛隊、政令指定都市所管轄的消防航空隊，都道府縣所管轄的防災航空隊，都各自擁有救難活動用直升機。

　　日本山岳地形眾多，山難事件頻傳，因此這些公家機關會出動救難直升機來救助受困者。防災航空隊編制於1990年代後，仍屬新興業務，以都道府縣的預算運作。

　　在海難現場活躍的是海上保安廳，不過也常會請求自衛隊的出動。自衛隊是以「災害派遣」的方式，來處理民間的救助事件。

　　然而，在發生事故或遇難事件的現場，往往天候條件也相當嚴峻，使用直升機進行搜索或救援也絕非易事，平日的訓練便相對重要。此時需要一邊懸停一邊將人吊起，所以駕駛員若非有貨真價實的操縱技術便無法勝任。也正因如此，每年都有許多受困者靠著直升機而得到救援、生命得到救助的。

↑救援直升機上裝備著搬運裝置「吊索」，可以放下救難隊員，吊起受困者。照片
　為栃木縣防災直升機「貝爾412EP」。

©Eurocopter/Sauveur SCHINTU

↑在險峻的懸崖進行救援行動的直升機。照片為歐洲直升機公
　司的「AS350」。

2-05 急救直升機
~運送急病患者與病人

　　前面所說的災難救助與後面要提的救護直升機也有關係，在日本，也視情況所需而進行直升機運送急病患者。

　　尤其東京伊豆地區離島多，東京都消防廳已做好隨時用直升機運送急病患者的準備，只要有請求，就算是夜間也會飛往離島。每個島嶼都配備有夜間照明設備的直升機場。離島上年長者較多，因此這樣的功能今後或許也會變得愈來愈重要吧！

　　醫療運輸主要是由消防直升機、防災直升機來擔任，不過各市或各縣通常都只有一架直升機，大多也非處於24小時待命狀態，因此往往出現無法應付的情況。

　　於是自衛隊便在此時大顯身手。離島眾多的長崎縣有海上自衛隊的直升機，沖繩縣有陸上自衛隊的直升機，北海道則有航空自衛隊的直升機待命出動。自衛隊使用高性能直升機，因此就算在夜間或天候不佳時，也能飛得比民間直升機更安全。

　　另一方面，救護直升機會需要醫師同行，通常是醫院間的搬送時（爲了治療而將已在醫院的患者移送到其他醫院）。

　　在海外，美國、澳洲、瑞士等地救護直升機與救護車同樣活躍，機上所搭載的救護隊員也被授權能進行一定程度的醫療行爲。

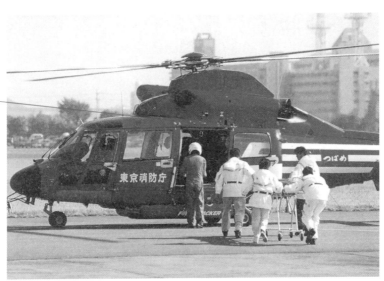

↑ 進行急病患者運送的東京消防廳直升機。照片為歐洲直升機公司的「AS365N2」。

↑ 陸上自衛隊的波音「CH-47」直升機，能夠直接載運救護車輛。自衛隊直升機的
　行動能力極高，活躍於災害派遣任務。

2-06 日本的「救護直升機」體系
～讓醫師緊急前往現場

日本現今設有18架的「救護直升機」（2009年6月時）。這是由直升機將醫師與護士從醫院送抵現場，當場對急病患者或遭遇事故的傷患進行治療的一套系統。由於有患者在現場進行緊急處理後得以撿回一命，所以一般認為有助於提升急救救命率。

或許有人會認為只要撥119，救護車就能夠抵達任何地點，但在日本有許多是救護車需花費1小時才能抵達的場所。目前在這樣的地方，讓急病患者能儘快接受治療的醫療體制尚未完善。就算是救護車需要花1小時的場所，但直升機也只需15分鐘就能抵達。

也就是說在119通報後過15分鐘，醫師就會坐著直升機抵達現場（實際上可能會花上更多時間）。在現場接受緊急處理的患者，之後會被直升機運送到醫院。雖然患者並無法直接要求救護直升機出勤，但在收到119通報的當地消防機關，會判斷症狀與事故現場的狀況來呼叫直升機。

救護直升機是日本在2000年以後所推動的特有醫療體系，今後將以每一都道府縣最少配置一架為目標。然而，運作上需要花費龐大的費用，受限於地方政府財政，還在緩慢進行整備中。

此外，為了確保起降地點與考量到噪音、安全性，小型的雙引擎機（裝備2具引擎）被認為最適合用作救護直升機。採用此種雙引擎機的有「EC135」（歐洲直升機公司）、「MD902」（MD直升機公司）、「BK117」（川崎重工業）等三種機種。

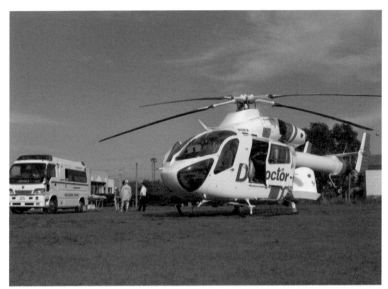

↑降落在事故與急病患者所在現場附近後，能由醫師立即進行治療的救護直升機
　「MD902」。是沒有尾旋翼，安全性高的「NOTAR」（請參考3-07）。

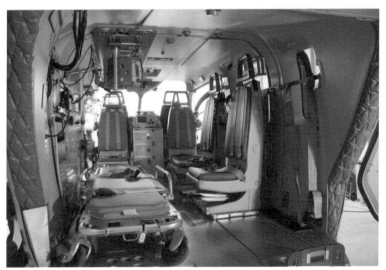

↑能夠同時搭載醫師與護士的救護直升機機艙內部。備有各種醫療設備，能由機體
　後方搭載擔架。照片為中央直升機服務的川崎重工業製「BK117C-2」。

2-07 警察勤務用直升機
～全日本約已配備了100架

　　日本目前約已配備了100架警用直升機。此數量約占日本直升機總量的1/8（不含自衛隊）。大家如果看到飛在天空上的直升機，或許很有可能就是警用直升機。日本都道府縣最少會配備1架用以進行警察勤務，依地方政府而異，也有配備2架以上的。其中東京都（警視廳）有8架，面積遼闊的北海道則有5架在執行勤務。日本的警察勤務等級是出了名的高，就連空中巡邏也絲毫沒有半點懈怠。也曾有過直升機與地上的巡邏車一起合作，從空中來追捕逃亡車輛的案例。由於是警察勤務，所以駕駛員以及維護人員也全都是警員。

　　警察勤務的執行雖然是以都道府縣為單位，但由於直升機價格昂貴，所以是以國家預算來購買的（除部分縣市外）。警視廳訂定了一套採購計畫，每21年更新一次各地方政府的直升機，每年中央政府會針對所需架數編列預算。

　　由於舊型直升機以每年數架一直進行替換，所以48都道府縣中目前使用著10種以上不同的直升機。或許一般人會覺得採用相同機種在操縱資格與維護方面會比較方便。然而，在發生該機種所特有的問題時，就會需要對同一機型進行檢查或零件交換才能繼續飛行，這將對警察勤務造成極大困擾，所以採用複數種機型也有其優點。此外，依據採購年度不同，機體價格與裝備也會不同，這也考量到了廠商競標的公平性。

↑警視廳所採用的奧古斯塔魏斯蘭公司「EH101」。全國的警用直升機，全都在
天空藍與銀色油漆上加上紅線作為標記。EH101是僅有1架的大型直升機，除了
可以供警察勤務運輸大量人員與物資外，續航距離長，能夠安全地飛抵東京都
外的離島，因而被引進。

日本警察現在所使用的直升機機種

奧古斯塔魏斯蘭公司「EH101」	貝爾直升機公司「Bell 412」
奧古斯塔魏斯蘭公司「A109K2」	貝爾直升機公司「Bell 412EP」
奧古斯塔魏斯蘭公司「A109E」	歐洲直升機公司「AS332L1」
川崎重工業「BK117B-2」	歐洲直升機公司「EC135P1」
川崎重工業「BK117C-1」	歐洲直升機公司「EC155B1」
塞考斯基飛機公司「S-76B」	歐洲直升機公司「AS365N1」
貝爾直升機公司「Bell 206L-3」	歐洲直升機公司「AS365N2」
貝爾直升機公司「Bell 206L-4」	歐洲直升機公司「AS365N3」

2-08 火災時所出動的直升機
～空中滅火行動

　　消防、防災直升機的另一項重要任務，就是空中滅火。這是利用直升機從火災現場的上空灑水（放水）。日本由於山岳地形眾多，常會發生季節性的山林火災。如果是直升機，就能活躍在消防車所無法抵達的地點。然而，受限於起飛重量，直升機所能搭載的水量相當有限，以貝爾直升機公司的「412EP」為例，大約為1400公升左右。

　　此外，也可以視情況需要，在機體下方裝備灑水用水槽。此水槽也具有幫浦的功能，因此可以懸停於低高度，從湖泊、水庫、河川裡抽水來使用。灑水只能將水槽裡的水一口氣灑出去，所以一下子就會結束，而滅火行動則需要反覆地進行抽水與灑水。

　　沒有裝備專用水槽的直升機，是藉由「吊掛」（sling）著被稱為「Bucket」的大型吊桶來進行滅火。如果發生了消防、防災直升機所無法處理的山林大火，也常會請求自衛隊進行災害派遣。陸上自衛隊的大型直升機「CH-47」可以懸掛7,600公升的折疊式「Bambi Bucket」（消防用水桶）。在海外像是美國與義大利等經常發生山林火災的地區，利用直升機進行空中滅火的準備也是不可或缺的。此外，直升機的滅火行動雖也被認為能在發生摩天大樓火災時派上用場，但其實不具備消防車的能力，所以都市地區很少會進行這樣的行動。

↑ 機體下方裝設被稱為「Fire Attacker」的消防水桶，在火災現場上空灑水的東京
消防廳的歐洲直升機公司的「AS365N2 Dauphin 2」。

↑ 為了應變高樓火災，東京消防廳的歐洲直升機公司的「AS332L1 Super Puma」
裝備了可以從旁使用噴嘴放水的系統（水槽為1,200公升）。東京消防廳的直升
機部屬在東京直升機場與立川飛行場。

2-09 VIP運輸直升機
～總統或首相所搭乘

在成為一國首腦之後，移動時便有可能使用到專用直升機。即使在日本，天皇陛下、首相、大臣等人在移動時，也會視情況搭乘直升機。由於搭載的是如此的重要人物，所以內部裝潢也相當豪華，但考量到維安因素，所以機艙內部幾乎都未曾公開過。在日本，成立了陸上自衛隊、特別運輸直升機隊的專門部隊，作為政府專用直升機。機種為歐洲直升機公司的「EC225LP」。

在執行重要人物的輸送任務時，為了能夠在其中一架機體發生狀況時立即轉乘，會與二架後備機一同行動。也考慮到其中一架會進行定期檢查，因此共配備了三架。首相在城市內移動時會使用接駁車輛，所以不會出動直升機，但如果是視察受災地區或是前往高峰會議會場等情況，直升機往往會比車輛或飛機來得更加方便。

美國總統專用的大型噴射客機以「空軍一號」而聞名，其實也有專用直升機，名為「海軍一號」。這是因為並非配置於空軍，而是由海軍負責管理，機體為塞考斯基飛機公司的「VH-60N」及「VH-3D」。由於是美軍的機體，考量到被恐怖分子從地上狙擊的可能性，也裝備了飛彈警報器等防禦系統。或許也曾經在新聞影像中，看過那相當豪華的黑色直升機降落在白宮的畫面吧！

↑日本的政府專用機，歐洲直升機公司「EC225LP」。陸上自衛隊擁有3架，部署
於千葉縣木更津駐紮地。是2006年時所引進的新型機種。機艙內部約可搭載10
人。有時也會從首相官邸或防衛省頂樓的直升機場起飛。2008年高峰會議時部
屬在北海道，負責運送各國元首。

↑美國的總統專用機「海軍一號」，機體為塞考斯基飛機公司「VH-60N」，隸屬
於美國海軍陸戰隊。雖然部署於首都華盛頓D.C.，但當總統出訪時，也會將直
升機帶到世界各地加以使用。來日本時也將此直升機一起帶過來，所以在日本
也看得到。

照片提供：U.S. Navy

2-10 企業、個人所持有的直升機
～作為公司用機或自用機使用

　　在日本各地擁有工廠或辦公室的企業，爲了員工的移動而使用自己的直升機。企業在工廠等具有廣大面積的地方可以建造直升機場，員工也可以搭乘直升機前往機場節省移動時間。雖然需要相當的營運與維護成本，但卻也因此而「能買得到時間」。直升機就是如此方便的交通工具。

　　然而在經濟持續不景氣下，就算是大企業要擁有直升機也變得不容易。現在，日本國內企業所擁有，作爲商務機使用的直升機數量，不到泡沫經濟高峰期的半數。

　　自用直升機在國內也呈現減少的傾向，但由於經銷商與支援體系完善，不斷有人以小型直升機爲中心加以引進。但是，直升機在日本只能於航空法所規定的場所起降，因此必須自行前往直升機場或飛行場。某方面而言，大多是有錢人用來享受休閒時光。其中甚至還有人搭直升機去打高爾夫球。

　　自用直升機聽起來似乎很不可能，但在航空大國美國，就有許多自家用或營業用的直升機在天空中飛行。美國航空法不同於日本，直升機可於任何地方起降，因此便利性更高。此外，在像加州一樣，終年氣候條件良好的地方，幾乎不會有因氣象的影響而無法飛行的日子，所以能成爲更具價值的交通工具。甚至還有人在自家車庫裡停放直升機，與日本間有著極大的差異呢！

↑ 近年來，企業所擁有的商業用途直升機日漸減少。照片為歐洲直升機公司的「AS350」。

↑ 2人座的自用直升機，施瓦澤飛機公司的「Schweizer 300」。與日本相比，美國的飛行成本較低，限制也少，因此相當普及。

2-11 其他的直升機用途

～噴灑農藥、遊覽飛行等

雖然一般人可能很少有機會看得到，不過在農地眾多的日本為了從空中噴灑農藥，直升機也擔負著相當活躍的角色。這項被稱之為「農林航空害蟲防治業務」，乃是日本的直升機公司所負責的重要項目之一。

雖然噴灑的時間被限定在7月等時節，但使用直升機一次能噴灑廣泛範圍，可以節省農作所需的時間與勞力。在歐美也會使用飛機來進行，但日本的農地有許多是位於山林間的狹窄地區，所以動作靈活的直升機是最適合的。

只是，在日本的航空法中，直升機並不能進行超低空飛行。噴灑農藥，需要飛行在農地上約10公尺的高度，因此每次作業前都需要向國土交通省提出申請，取得許可後才能進行。

近年，像這樣的農藥噴灑工作逐漸減少。由於委託直升機公司噴灑農藥將會增加成本，所以擁有自己的無人直升機（所謂的遙控直升機）的農業團體正不斷增加。

直升機也常用在遊覽飛行上。起降上幾乎不費時，15分鐘左右的飛行時間，就能夠飛行約10公里的範圍。以時速100km以上低高度飛行，或許就能從空中觀賞到生動的景象吧！有著能夠從城市裡的直升機場，或著架設在觀光景點的臨時起降點迅速搭載乘客，使其盡興遨遊的優點。這是飛機所無法仿效的遊覽飛行方式。

↑噴灑農藥是直升機的重要工作。在機體下方裝設放有農藥的儲槽。

照片提供：五十嵐榮二

←與飛機相比，直升機更能
夠低高度飛行，因此可以
看到生動的景象。照片為
從東京鐵塔旁飛過時的景
色。

2-12 軍用直升機的活躍❶

～運輸、偵察、對潛、救難

　　在1950年代的韓戰中，直升機原本是用來輸送受傷的士兵，而後開始活用直升機的機動性，能將士兵送往各個作戰地帶，被稱為「直升機機降作戰」（由直升機所進行的空降作戰之意）。尤其有許多直升機活躍在1960年代到70年代的越戰中。

　　要將以士兵為主的人員，以及武器、彈藥、糧食等必要物資運往末端時，直升機是不可或缺的存在。使用大型直升機就能夠直接載運車輛。直升機的優點，果然還是在於可以隨處起降上。民間直升機，可能會受到航空法的各種限制，而軍用（又或自衛隊）直升機就沒有這類限制。必要時就能夠立即飛往，達成所有的任務。

　　為了與地上結為一體進行作戰，陸軍一般都配備了許多直升機。塞考斯基飛機公司「UH-60 Black Hawk」是被當作現代泛用型直升機使用的暢銷機種。如果只運載人員的話可以搭載14人，具有相當的運輸能力。機艙內部可以容納兩噸物資，或是以吊掛的方式運輸。海軍或空軍都常使用直升機進行救難搜索或運輸等任務。海軍則會搭載在航空母艦或巡洋艦上，作為艦上直升機使用，在海上擔任探索潛水艇的任務。除此之外，也被用在隱密地將特殊部隊投入敵陣以及回收等特殊作戰任務上。

←運用於美國空軍直升機作戰
　中的塞考斯基飛機公司「HH-
　60G」。特殊部隊從機上降落。
　　　照片提供：U.S. Air Force

↓美國海軍陸戰隊配備於艦上
　的塞考斯基飛機公司「CH-53
　Super Stallion」。
　　　　　照片提供：U.S. Navy

2-13 軍用直升機的活躍❷
～戰鬥、攻擊等任務

　　在越戰中，當要進行空降作戰時，需要有專門的直升機來負責護衛士兵所搭乘的直升機。一開始是在泛用型直升機上搭載機關槍與火箭彈等武裝，具備抵禦敵人偷襲的能力，但後來認為直升機需要更強大的攻擊與防禦能力，於是就有了攻擊直升機的誕生。這樣的演變，與美軍在越南所得到的教訓有著極大的關連。

　　1965年時，泛用直升機的代表——貝爾直升機公司「UH-1 Huey」（以下簡稱UH-1）進行大幅改造，完成攻擊直升機「AH-1 Huey Cobra」。AH-1是前後搭載2名駕駛員的直升機，機體的寬度只有1公尺。機體特徵在於從前方看起來相當扁平。這是為了防止被前方的敵人發現與攻擊所作的設計。或許看起來與UH-1是完全不同的機體，但事實上與UH-1使用相同的引擎與機翼系統，尾管（機體後部）的設計也是直接沿用。因此，飛行性能並沒有超過UH-1的表現，所以美軍當然不會就此而感到滿足。

　　於是，在越南戰爭結束的1970年代中期，美國陸軍提出了更高性能的攻擊直升機計畫，而有了休斯（現波音）「AH-64阿帕契」的研發。1976年進行初次飛行，是真正的戰鬥直升機的完成。最大的特徵是裝備了強大的武器與當時最新的雷達（索敵、攻擊用的電子機器）。就這樣從1980年代起，高性能的攻擊直升機在世界上不斷地誕生，並投入實戰之中。

←↓貝爾直升機公司所研發的泛
用型直升機「UH-1 Huey」
（上）。將此UH-1進行大幅
改造後，才有了攻擊直升機
「AH-1 Huey Cobra」的誕生
（中）。

↓依美軍要求所研發，世界第一
架真正的戰鬥直升機——波音
「AH-64 阿帕契」（下）。

照片提供：波音

來坐看看直升機吧

　　的確，對於一般市民而言，直升機並不是就近就能接觸得到的交通工具。但只要想搭乘，還是有機會的。其中最簡單的方法，就是付費體驗遊覽飛行。日本各地都有航空公司進行直升機營運，只要向其洽詢就可以了。此外，也有「聖誕節搭直升機觀賞夜景」的飛行行程。

　　然而，直升機的營運成本高，因此搭乘時的費用也高，算是奢侈的休閒活動。以遊覽飛行來說，15分鐘每人約為8,000日圓。但與飛機不同的是起降不費時，15分鐘就能看到相當多的景色。懸停到起飛時的感覺，絕對令人感動。低空的景象（比一般高樓觀景台高，比客機窗所看到的景色低），是直升機才能看得到的。一般人也能夠租借直升機來駕駛，每架15分鐘要4萬日圓以上，1個小時就要20萬日圓。

連續假期時以高爾夫球場作為起降地點，讓遊客體驗遊覽飛行的活動，能從空中欣賞美景。照片為歐洲直升機公司的「AS350B3」。

第 **3** 章

各式各樣的直升機

雖然說都稱為直升機，

但並非所有直升機都是一樣的。

在第本章中，將針對各式各樣的直升機進行解說。

也將對哪些國家企業正在研發直升機進行解說。

3-01 直升機的「適航類別」
～依照引擎所區分的等級

做為確保航空器安全性的基準,是依照航空機的種類與用途來加以區分,並規定於航空法之中,被稱為「適航性審查要領」,其中直升機的「適航類別」可分為以下幾種:

迴轉翼航空器普通N類 ——
最大起飛重量3,175公斤以下的直升機

迴轉翼航空器輸送TA類 ——
適用於航空運輸業的多引擎直升機,就算其中一具引擎故障也能夠安全航行之機體

迴轉翼航空器輸送TB類 ——
最大起飛重量9,080公斤以下的直升機,適合航空運輸業之機體

此外,直升機還有以下各種等級:

❶陸上單引擎活塞機　　　❷陸上單引擎渦輪機
❸陸上多引擎活塞機　　　❹陸上多引擎渦輪機
❺水上單引擎活塞機　　　❻水上單引擎渦輪機
❼水上多引擎活塞機　　　❽水上多引擎渦輪機

一般的直升機幾乎都是從陸上(地上)起飛,所以屬於❶～❹。從水上起飛的特殊直升機為❺～❽。活塞式即是指往復式引擎,渦輪則是渦輪軸引擎,單引擎是一具引擎,多引擎是搭載二具以上引擎的機體。然而現在,多引擎活塞式直升機(❸、❼)並不存在。這些是日本國土交通省所訂定的規則,而此規則依各國有所不同。

©Eurocopter/Patrick PENNA

↑依當事國的航空法，直升機（迴轉翼航空器）在法律上分成數個種類，並訂定航行
　規定以及駕駛員與維修人員的資格，照片為歐洲直升機公司的「AS332 L2（SUPER
　PUMA L2）」。該機為❹的陸上多引擎渦輪機。

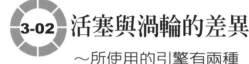

3-02 活塞與渦輪的差異
～所使用的引擎有兩種

直升機所搭載的引擎大體上可以分為兩種。一種是「活塞式引擎」（往復式引擎）。這與汽車引擎的基本構造相同，燃料則是使用航空汽油（Avgas）。另一種則是「渦輪引擎」（噴射引擎）。與噴射機（飛機）引擎的基本結構相同，是利用渦輪的力量來帶動軸旋轉，並用齒輪來減速將動力傳導至機翼的結構。它是直升機專用的噴射引擎，通常被稱為「渦輪軸引擎」，使用與燈油同樣成分的航空煤油。

過去有許多活塞式引擎的直升機在天上飛翔，但由於馬力並不大，近來只剩小型的單引擎直升機使用。最具代表性的機種為羅賓遜直升機公司的「Robinson R-22」與「Robinson R-44」。活塞式直升機的優點在於引擎生產成本低，燃油經濟性也不差。然而，馬力上有其極限。

另一方面，使用渦輪引擎的渦輪直升機，雖然引擎尺寸小，但馬力強為其特徵。屬渦輪引擎的渦輪軸引擎之構造與往昔相比已變得精簡，所以維護性也提高了許多。因此，現在的營業用直升機絕大多數都是渦輪引擎。不過，其缺點是生產成本高。另外，與渦輪直升機相比，活塞式直升機燃料補給的彈性也成為一課題。以日本的情況而言，並非所有的飛行場都能夠取得航空汽油，因此活塞式直升機也就變得較不方便。

↑搭載活塞式引擎的羅賓遜直升機公司的「Robinson R-22」。然而，有時航空汽
　油的取得較為不易。

©Eurocopter/Patrick PENNA

↑搭載渦輪引擎的歐洲直升機公司的「EC130」。引擎昂貴，但體積小馬力大。
　能夠使用與噴射客機相同的燃料，所以其優點為在任何機場都能進行補給。

3-03 一般直升機的外形

～機翼、引擎與平衡翼的配置

　　一般的直升機，會在機體上方水平裝設主旋翼，在機體後方垂直裝設尾旋翼（後部旋翼）。看右圖會比較容易理解，主體頂端採用能裝載旋翼的外型，主體的最前方是駕駛艙（cockpit），中央是機艙（客艙）。主體的後方延伸著前面所提過的尾管，其前端當然就是尾旋翼。在結構上，尾管裡有著連結引擎與尾旋翼的軸，當啓動引擎時軸就會開始迴轉，使尾旋翼與主旋翼一起迴轉。

　　如果直升機不需要尾旋翼，也就不需要尾管，但這樣是無法飛行的，因此一般來說會以主體與尾管爲機體，並裝設主旋翼與尾旋翼作爲旋翼。

　　引擎通常都是裝設在機艙上方。這是因爲將引擎放在主旋翼附近，構造會比較簡單。

　　此外，雖然隨機體而有所不同，但許多直升機的尾管上會裝設數個「平衡翼」（stabilizer）。這是可使氣流穩定以維持姿勢的裝置。平衡翼有固定式與手動式兩種，雖說是手動式，一般也並非由駕駛員手動進行操作，而是會隨著飛行狀態自動地調整至適切角度。

機體各部位名稱 貝爾直升機公司
「Bell 206L LongRanger」

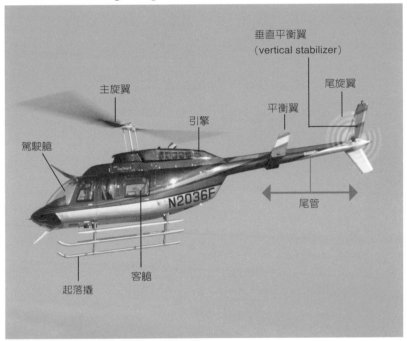

照片提供：貝爾直升機公司

3-04 機翼的片數與迴轉方向
～依機體選擇最適當的數量

如果仔細觀察直升機，應該會發現主旋翼的機翼片數會依機種不同而有差異。雖然肉眼無法看清楚移動中的直升機，但如果用相機來拍就能看得很清楚了。當然，如果是直升機在地面上引擎靜止時，馬上就能夠數出機翼的片數。

「主旋翼機翼片數只有一片」是不可能的事，直升機有著2～8片的豐富變化。2片式的直升機又被稱為「翹翹板式旋翼」（seasaw rotor）。構造簡單且所需零件少，加上維護性高乃是其特徵。很久以前的直升機大多為2片式，但其缺點是噪音大。最近的直升機主旋翼以4片最多。也有3～5片的機種，而6片、7片、8片就只有部分的大型直升機會裝設。

然而，所需的直升機主旋翼片數，與體積大小並無絕對關係。只要能夠得到直升機起飛所需的升力與推力即可。因此，通常是選擇與機體重量相稱大小（寬度、重量等）的主旋翼，並考量幾片機翼最適合來加以設計。尾旋翼也是一樣，依機種而異，片數從2～5片都有。

此外，旋翼的迴轉方向事實上會隨機種而有差異。美國、日本、德國等國家所研發的一般直升機，主旋翼是向左旋轉，而法國與俄羅斯所研發的直升機則是向右旋轉。不管向哪一邊旋轉，直升機都能平穩地飛行，但機體的構造或多或少都會有差異。

↑有著蹺蹺板式旋翼的2片式主旋翼。正向左迴轉中。照片為「Bell 210」。
照片提供：貝爾直升機公司

↑主旋翼的迴轉與一般的直升機相反，向右迴轉的舊法國航太所研發的歐洲直升機「EC225」。反扭矩系統（尾旋翼的作用）也是於相反方向作用著的構造。主旋翼的片數為5片。

3-05 也有縱列式雙旋翼

～一眼就能辨認出來的獨特外形

　　一般直升機為「單旋翼式」，是指主旋翼只有1個。所謂的主旋翼是指機體頂端所安裝的大型旋翼（迴轉翼）。

　　就像在1-05所提過的，直升機只有主旋翼是無法飛行的。一般都會以尾旋翼作為反扭矩系統，但如果有其他方法能夠抵銷扭矩力，就能夠採用不同的型態來飛行。

　　單旋翼式以外的代表性直升機，就是「縱列式雙旋翼式」。前後安裝兩個主旋翼，兩個旋翼以反方向迴轉。以波音的「CH-47」為例，前方旋翼向左迴轉，後方旋翼則向右迴轉，迴轉數是相同的。

　　一般人或許會想，因為是縱列式雙旋翼所以操縱方法會有所不同。其實不然，縱列式雙旋翼直升機的操縱裝置與單旋翼式的設計是一樣的。雖然搭載著2具引擎，但並非1具引擎連結著1個旋翼，而是2具引擎都是一起安裝在後方，將2具引擎的出力結合起來後，以軸將動力分配傳達至前後旋翼的構造。

　　縱列式雙旋翼直升機，可以將機身加大，因此適合軍用的運輸直升機。過去在民間也曾用於旅客運輸，但現在已經看不太到了。

↑ 縱列式雙旋翼的波音「CH-47 Chinook」。機身龐大，可以直接駕駛汽車或機車
從裝設於機身最後方的門進行載運。後方旋翼下方兩側裝載著引擎。

↑ 縱列式雙旋翼的波音「V-107」

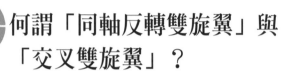

3-06 何謂「同軸反轉雙旋翼」與 「交叉雙旋翼」？

～各種反扭矩系統

　　俄羅斯的卡默夫設計局所研發的「Ka-32」直升機，乃是採用「同軸反轉雙旋翼式」，不需要尾旋翼，而在機體頂端裝設雙重的主旋翼。兩個主旋翼相互以反方向迴轉（同軸反轉），就能夠抵銷彼此的扭矩，而達到反扭矩系統的效果。

　　同軸反轉雙旋翼式的直升機為相當傑出的設計。一般的尾旋翼只有作為反扭矩系統的功能，所以不會產生升力，但同軸反轉雙旋翼的話不僅能產生升力，也不需分配引擎的部分出力給尾旋翼，座艙也能夠放大。

　　然而，「輪轂」（rotor hub，連結旋翼與軸的構造）將變得更加複雜，因此在維護上需要特殊的技術。此外，由於安裝了2個沉重的旋翼，因此機體重量也會增加。操縱方法設計成與一般直升機相同，但構造上有相當大的差異，不習慣其操作的直升機公司，並不會輕易地選擇卡莫夫設計局的直升機。

　　還有一種與同軸反轉雙旋翼相似的是具有「交叉雙旋翼式」的直升機。現今世界上所使用的機種，以卡曼的「K-MAX（K-1200）」最具代表性。在接近機體的頂端裝有兩個主旋翼，使其相互不衝突地同步旋轉（安裝成向外側傾斜25度），同樣也是利用旋翼相互反轉來抵銷反扭矩的構造。

↑ 同軸反轉雙旋翼式的卡莫夫設計局「Ka-32」。上方的旋翼為右迴轉，下方的旋翼為左迴轉。

↑ 美國的直升機製造商卡曼（Kaman）所研發的「K-MAX（K-1200）」。只能乘坐一名駕駛員，是交叉雙旋翼式的物資運輸（吊掛運輸）專用直升機。

照片提供：五十嵐榮二

3-07 沒有尾旋翼的直升機
～安全性高的無尾旋翼（NOTAR）

　　一般的直升機，都裝有尾旋翼（後方旋翼）做為反扭矩系統。但是，取消尾旋翼的直升機要到1980年代，才被研發出來。這種類型的直升機被稱為「無尾旋翼」（NOTAR），即是「No Tail Rotor」的簡稱。就像在1-05中也曾提到過的，直升機若要飛行需要反扭矩系統，而無尾旋翼是怎樣的構造呢？

　　無尾旋翼的機體後部，的確沒有裝設螺旋槳，但尾管卻延伸至機體後方。在此尾管內有著特別裝置，能藉由從數個地方將風吹入，來達到與尾旋翼同樣的效果。

　　那麼，就來了解這個裝置吧！

　　無尾旋翼，是利用引擎的驅動，來轉動尾管中的風扇。尾管中會產生高速的氣流，有一處由尾管的縫隙向下（環流噴射），另一處則橫向朝尾管前端吹去（直接噴射）。也就是將此兩處的噴射氣流當作反扭矩系統加以利用。

　　無尾旋翼的優點在於沒有尾旋翼，所以噪音低、安全性也高。尾旋翼可能會因為不注意而將人或物品捲入而造成嚴重意外，無尾旋翼就不需要擔心這種問題。此外，也將不需要尾旋翼以及將引擎出力傳達到尾旋翼的軸等系統，如此一來，零件變少，維護性也得以提升。

←採用無尾旋翼的MD直升
機公司的「MD902」。
尾管呈圓筒形向後筆直延
伸。尾管最後方的排氣口
是會迴轉的構造，能噴出
氣流（直接噴射）。
照片提供：AeroPartners

無尾旋翼之飛行操縱的3要素（作為反扭矩系統之功能）

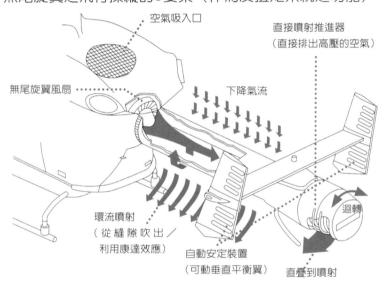

空氣吸入口

直接噴射推進器
（直接排出高壓的空氣）

無尾旋翼風扇

下降氣流

環流噴射
（從縫隙吹出／
利用康達效應）

迴轉

自動安定裝置
（可動垂直平衡翼）

直量到噴射

❶ 由無尾旋翼風扇所產生的氣流，會通過尾管的縫隙（slit）排到外面。被彎曲的
下降氣流（主旋翼與引擎排氣所產生的向下氣流）──環流噴射會產生向右的推
力，以保持機體不會迴轉。

❷ 最後方的推進器所排出的直接噴射氣流，透過駕駛員的踏板操作，可改變左右
方向，主要用於低速時的方向控制（迴轉推進器）。

❸ 由2片垂直平衡翼所組成的電腦控制自動平衡裝置，主要用來輔助高速時的方向
控制。
這三種效果被設定為不管機體在任何速度下，即使駕駛員不特別操縱，也都能
夠自動地調整成最佳化。

※康達效果：乃是指液體流動方向的變化，若在該流體中放置物體，流向便會變成
沿著該物體流動的現象。

3-08 有能夠變身成飛機的直升機嗎？

～傾斜旋翼機

　　直升機的優點在於可以垂直起降，然而卻無法高速飛行。另一方面，雖然飛機起降時需要跑道，但卻能以高速飛行。

　　能不能同時兼具兩者的優點呢？「傾斜旋翼機」就是在這種想法下所誕生的。這種機種是在起降時爲直升機，巡航時就能夠變身爲飛機的近未來航空器。進入21世紀後傾斜旋翼機被投入實用，現在已經被美軍引進使用。目前也已製造出民間用的機體展示機，但尚未有企業購入。然而，今後或許會在全世界普及開來吧！

　　傾斜旋翼機勉強也能歸入直升機的種類。能以飛機（渦輪螺旋槳固定機翼機）同級的速度巡航，但爲了能夠垂直起降，機體只能做成跟直升機同等大小，因此所能搭乘的人數：美軍的「MV-22」爲24人，民間用的「BA609」爲9人。如果大型的飛機能夠垂直起降，將會是劃時代的發明，但在目前技術上或許還是不可能的事。

　　傾斜旋翼機的操縱全部都是以電腦控制。尤其在切換「旋翼模式」至「固定機翼模式」時（相反時也是一樣）的平衡，據說從安全上的考量來看，讓駕駛員憑感覺（以手動）來進行是相當困難的。因此，傾斜旋翼機的構想雖然在1970年代就出現了，但飛行控制系統的研發卻相當費時，一直到近年才邁入實用的階段。

↑貝爾直升機公司（美國）與奧古斯塔魏斯蘭公司（義大利）共同研發中的傾斜旋翼機「BA609」。在旋翼模式中，起降時會使螺旋槳水平迴轉，具有與直升機旋翼同樣的功能。機體左翼的螺旋槳為左迴轉，機體右翼的螺旋槳為右迴轉，具有反扭矩系統的作用。

←正由旋翼模式切換成固定翼模式。一邊將螺旋槳的角度變換成水平，同時前進飛行。

←切換成固定翼模式的BA609。成為完全的飛機，能跟渦輪螺旋槳飛機同樣的速度、高度飛行。巡航速度約500km/hr，大約是一般直升機的2倍。

照片提供：奧古斯塔魏斯蘭公司

3-09 美國製直升機
～活躍於全世界中

　　活躍於全世界的直升機中，最具代表性的機種就是美國製的直升機。其中由貝爾直升機公司所研發的直升機，有許多機種都成為熱門暢銷商品。該公司雖然原本為美國的製造商，但所有民間直升機的製造據點已移往加拿大，公司正式名稱也改成「Bell Helicopter Textron Canada」。

　　另一個代表性的美國直升機製造商，是塞考斯基飛機公司。或許一般人會因為是俄羅斯名而感到訝異，其實創辦人塞考斯基是流亡的俄羅斯人，他於1939年開始製造直升機。之後，主要生產以美軍為對象的軍用直升機，並將改良型當作民用機體販售，是世界最大製造商之一，規模僅次於3-10中的歐洲直升機公司。

　　MD直升機公司是併購了曾研發過數款暢銷直升機之休斯的製造商。MD是「McDonnell Douglas」的縮寫，波音在吸收了麥克唐納‧道格拉斯時，並未將民間直升機部門納入旗下，因此之後成為了MD直升機公司。以民用直升機為對象生產無尾旋翼的NOTAR為主。

　　羅賓遜直升機公司是以小型往復式直升機「Robinson R22」和「Robinson R44」而大放異彩的製造商，現在則被當作是訓練用直升機、自用直升機輸出到世界各地，總生產機數已超過4,000架。此外，生產了各式各樣航空器的世界大廠波音，也有從事軍用直升機的研發與製造。在美國還有卡曼與施瓦澤等公司也從事直升機的製造。

↑由美國貝爾直升機公司所研發，目前在加拿大製造的「Bell 429」。

照片提供：貝爾直升機公司

←塞考斯基飛機公司的
代表作「S-70C」。
該公司也沿用軍用直
升機的技術，進行民
用直升機的製造與銷
售。

照片提供：塞考斯基飛
機公司

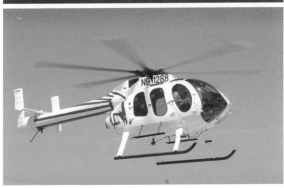

←MD直升機公司所研發
銷售，世上唯一的無
尾旋翼NOTAR。照片
為「MD600N」。

照片提供：MD直升機
公司

歐洲製直升機
～由各國企業共同製造販賣

　　法國與德國等在歐洲中屬於較具經濟規模的國家，同時也是工業大國，這些國家企業於20世紀末時，進行過跨國的併購合。藉此，由法國、德國與荷蘭之企業所合資的歐洲直升機公司得以成立，以世界最大直升機製造商之姿君臨天下。

　　現今歐洲直升機公司所製造的直升機，在全世界銷售得非常好。安全性高、維護性佳，購入後的支援體系也相當完善，擁有相當不錯的評價。與美國製的直升機相比，有許多人表示，歐洲直升機公司就連細部的品質也相當講究。歐洲直升機公司會順應客戶的需求，生產各式各樣、大大小小的直升機，銷往全世界。

　　現在所販賣的歐洲直升機公司的直升機，可以分為法國航太所研發的機體「AS365」、「AS332」、「EC155」及「EC225」等；加上德國MBB所研發的機體「EC145」，以及結合了兩者技術的「EC120」、「EC135」。AS365與EC225被稱為「法國製直升機」也不成問題。因為即使到現在，這些機種的組裝工廠與駕駛員訓練中心都還是在法國。

　　義大利與英國的合資企業奧古斯塔魏斯蘭公司也是知名製造商。除了輸出大量「A109」外，搭載了3具引擎的大型直升機「AW101」也相當受歡迎。該公司過去也曾與美國貝爾直升機公司共同製造過直升機。

©Eurocopter/Jérome DEULIN

↑歐洲直升機公司「EC135」，可說是融合了德國與法國技術的機體。

↑奧古斯塔魏斯蘭公司的「AW139」，由義大利與英國的合資公司所研發。

照片提供：奧古斯塔魏斯蘭公司

3-11 日本製直升機
～事實上一直有在出口

　　日本一直以來不斷研發、出口汽車或火車等高性能交通工具到全世界，那麼有生產直升機嗎？或許有許多人會抱持著這樣的疑問吧！從結論來說的話，雖然種類稀少，但仍有日本製直升機。然而，現在製造中且100％稱得上是原創日本製直升機的，只有陸上自衛隊所使用的川崎重工業「OH-1」觀測直升機而已。亦即機體與引擎全部都是獨力從無到有地設計，生產也是完全在日本進行的。

　　除此之外，日本製的代表性直升機包括，1970年代川崎重工業與西德（當時）MBB所研發的「BK117」。「B」是指德國航空器製造商「Messerschmitt Boelkow Blohm」（MMB），「K」則是川崎的意思。BK117系列在改良後即使到了現在也仍持續生產著。由於MBB被歐洲直升機公司所合併，現在歐洲所生產的BK117是以「EC145」的名稱販售。日本所製造的最新型「BK117C-2」，在國內除了被用在防災採訪直升機外，也著重在出口上。然而，搭載的是法國所研發的引擎。

　　除此之外，日本在1990年代，三菱重工曾研發出「MH2000A」從機體到引擎都是獨力研發，是100％日本製造的機體，但由於銷售不佳目前已停產，國內也只剩2架。就算是日本的使用者，或許也會覺得外國製的機體比較可靠、口碑好，而受到吸引吧！

↑根據防衛省的要求,由川崎重工業所研發的陸上自衛隊觀測直升機「OH-1」。機體與
引擎全都是日本國內所生產的。

←可說是目前唯一仍在
販售中的日本製直升
機,川崎重工業的
「BK117C-2」。

←三菱重工所研發的
「MH2000A」。MH
是指三菱‧直升機,
2000是2000年的意
思。然而,在銷售上
其實是挫敗的。

3-12 俄羅斯製直升機
～米爾、卡莫夫、喀山直升機工廠

俄羅斯製造的直升機與美國、歐洲相比顯得風味獨具。現在仍在製造直升機的有米爾設計局（米爾莫斯科直升機工廠）、卡莫夫設計局及喀山直升機工廠等3間公司，這些公司都是由政府100％出資、由「俄羅斯直升機公司」所統轄，負責俄羅斯製直升機的販賣與售後服務。

「米爾」與「卡莫夫」都是創辦人的名字，在舊蘇聯時代屬於「設計局」這個專門從事直升機開發的國家機構。現在已轉變為類似西歐諸國般的企業形態，至今兩者也都仍持續研發新型直升機，並銷售到全世界。

米爾設計局研發過暢銷機種——泛用型直升機「Mi-8」、「Mi-17」，也將罕見的最大等級直升機「Mi-26」予以實用化。卡莫夫以同軸反轉雙旋翼式直升機製造商而聞名。將原本米爾設計局所研發的部分直升機繼續發展，生產販賣「Mi-171」等機種。雖然無法與歐美相比，但俄羅斯每年生產販售著約100架民用直升機，也進行著軍用直升機的研發，並為俄羅斯軍方所採用。

在日本，目前俄羅斯製直升機僅有1架在使用中，是相當稀少的存在。2007年赤城直升機公司為了運輸物資而引進卡莫夫「Ka-32A11BC」。雖然已是過去的事，不過1970年代也有公司引進米爾「Mi-8」與卡莫夫「Ka-26D」。

↑由米爾設計局所研發之代表作Mi-8大幅改良後的民用直升機「Mi-38」。透過歐
　洲米爾國際，歐洲與俄羅斯合作進行。　　　　　　　照片提供：五十嵐榮二

↑活用強力的引擎馬力，用在物資運輸上的赤城直升機公司所屬卡莫夫「Ka-
　32A11BC」。卡莫夫主要研發同軸反轉雙旋翼式直升機。

3-13 世界各國所研發的直升機
～印度、中國、波蘭等

　　世界上生產最多直升機的地區是歐美，但也有其他國家獨力進行直升機的研發。

　　印度的航空工業能力高是眾所皆知的，印度斯坦航空（HAL）所研發的「先進輕型直升機」（ALH；Advanced Light Helicopter）除了被當作國內民用與軍用直升機使用外，還有一部分出口外銷。ALH是在德國MBB的協助下所研發出的機體，因此有著與日本的BK117相似的外形。

　　中國近來已能夠生產獨力研發的直升機，原本是取得舊蘇聯與法國直升機的生產授權，藉此培養技術能力後，獨力進行機體改良，將其運用在民用與軍用上。然而，關於軍用直升機，是基於怎樣的背景來開發新型機，會被運用在哪些方面等有許多尚未明瞭的地方，也沒有什麼相關資訊。此外，據說最近中國也正在研發戰鬥直升機。

　　在南非，丹尼爾航太系統公司所研發出的戰鬥直升機「AH-2 Rooivalk」，也被該國所使用。該公司據說是從法國製直升機上習得技術，但之後也積極地進行出口。

　　波蘭PZL-Swidnik公司從共產時代起就積極地進行直升機研發，並完成了中型泛用直升機「W-2」系列，運用在國家的軍隊與民間上。該公司曾取得蘇聯製航空器的製造授權，因此W-2系列是將米爾製造局的直升機進行獨力改良後所完成，也曾出口至中東或韓國等地，現今也仍進行少量的製造販賣。

↑印度的印度斯坦航空所研發的「ALH（Advanced Light Helicopter）」。

照片提供：柿谷哲也

←↑波蘭PZL-Świdnik公司所研
　發的新型的「SW-4」（上）與
　「PZL-Świdnik W-3A」（下）

照片提供：PZL-Świdnik

3-14 日本與全世界的直升機數量為？
～新興國家正在增加中

　　現在日本國內約有780架民用直升機登記於國土交通省。雖說是「民用」，但仍包含了警察廳與消防廳所擁有的直升機在內。警察有80架、海上保安廳約50架、消防‧防災直升機約有60架，總數約有1/4是進行公務的直升機。

　　日本的民用直升機總數，在泡沫經濟末期1991年曾有1,200架。此時，日本的直升機數量是僅次於美國、加拿大排名世界第三名。順道一提，現在的直升機數量，美國超過10,000架，加拿大約1,700架，澳洲、英國、法國皆為1,000架左右。

　　除了這些之外，也有自衛隊與美軍的直升機飛翔在日本上空。自衛隊的直升機約650架，美軍約100架的直升機則配備於日本國內各個基地。美軍直升機並不屬於日本政府管轄所以先暫且不提，現在，飛行於日本上空的直升機總數約為1,500架左右。

　　關於全世界仍在飛行的現役直升機究竟有多少，並沒有官方資料，但據說民用機約25,000架，軍用機約30,000架。冷戰時期所製造的舊蘇聯直升機有多少，並沒有留下詳細的資料，而且現在對要如何區辨能夠飛行的機體與退役機體也有困難，所以並不清楚正確的數量。

　　受到景氣低迷的影響，日本地區需求並未有所成長，而在經濟成長顯著的巴西與中東等地，機數則不斷地增加當中。

↑配屬於航空自衛隊的塞考斯基飛機公司的「UH-60J」救難直升機。在日本有著約與民
　間直升機總數相等的自衛隊、美軍直升機在天空飛翔著。

3-15 要如何購買直升機呢？

～經銷商與維護委託

　　如果企業或者個人想要購買直升機，應該要怎麼做呢？當然，只要有錢就能夠購買、持有機體。尤其在泡沫經濟時代，企業為了折舊，甚至就算用不太到也還是購入了直升機。

　　購入直升機的人並不需要擁有操縱資格。因為只要自費購入機體，再委託航空公司駕駛就可以了。航空公司也提供從駕駛到維護的服務，所以只要花錢他們就會幫忙處理。也就是所謂的「附駕駛員的直升機」。就算自己有操縱資格，在機體的維護上，大多數的人也幾乎都是委託給與廠商簽約的專門業者。

　　在世界上也有舉辦直升機的展覽，在美國每年會舉辦一次「休士頓國際直升機展覽」（Heli Expo），將最新穎的直升機齊聚一堂，並展開促銷大戰。

　　顧客在大部分的情況下都不是直接從製造商手中購入，而是與代理商（貿易公司）簽訂購買契約。代理商是將國外所生產的機體引進日本，並將手冊等資料翻譯成日文，然後提供購買者服務。

　　至於費用方面，雖然包括了機體的搬運費、初期維護費用等，但購買之後的維護、管理等維護成本則是另外計算的。事實上，直升機的維護費用相當昂貴，因此即使企業有購買機體的資金，要維持運作也並不簡單。考慮到這點，與其自己擁有直升機，或許在有需要時向航空公司租借會更加划算。

→↑用於直升機銷售宣
傳的手冊。裡面記載
著性能等資料。照片
為「Bell 429」的手
冊。

資料提供：
三井物產航太公司

↑在海外也會舉辦直升機的專門展覽。

直升機的價格

　　直升機基本上是採「接單製造」的方式，因此並不會有明定的價格。依購買客戶使用直升機的目的不同，裝備會有所不同，就算是同樣的機體，若規格不同，價格也會出現極大差異。製造商為了配合使用者的需求，都是一架一架地生產。如果是全新製造的機體，交貨期限可能會花上數個月到一年以上。

　　然而，直升機還是存在著價格行情。最近，由相當受歡迎的歐洲直升機公司「EC135」或MD直升機公司「MD902」所代表的雙引擎小型機，1架約為6～8億日圓。若是渦輪引擎單引擎小型機，則是2～4億日圓左右，製造活塞式直升機的羅賓遜直升機公司的「Robinson R-22」約2,500萬日圓左右。當然，如果是中古機，就能以更低的價格購入。

　　另外，由於也常需要採購零件，因此也會需要維護成本。在這種情況下，匯率便是相當重要的問題。歐元高漲時，歐洲製直升機的維護成本便會升高；美元下滑時，美國製直升機的維護成本就會降低。

←對於販賣著機體的大小、性能同級之直升機製造商、代理商而言，銷售競爭是相當激烈的。雖然不會公布正確的銷售價格，但會有「折扣」並舉辦促銷活動。照片為MD直升機公司的「MD902」。

照片提供：AeroPartners

第 4 章

直升機的操縱方法

自由自在遨翔於天際的直升機是怎樣操縱的呢？

在本章中將為讀者一一解說

直升機的操縱、起降的方法、

安全飛行的規則、容易發生的危險以及

緊急情況下的應對方法等等。

4-01 直升機要如何操縱呢？

～認識直升機的運動

在了解直升機的操縱方法前，先透過圖片來掌握飛行中的直升機是怎麼動作（姿勢變化）的吧！自由飛翔於3次元空間的直升機，會依「縱軸」、「橫軸」、「垂直軸」等3軸來運動。請在腦海中試著想像，用3根叉子穿過直升機機體並加以旋轉的畫面。這些軸會在機體的重心位置交會，該點即為完全達到平衡的點。

縱軸⋯roll

通過機首與尾旋翼的軸，是以橫向滾動般動作。在駕駛員以右手左右操作操縱桿時，機體會以此軸為中心「翻滾」（rolling）。此時將主旋翼的迴轉面（旋翼圓盤）向左右傾斜即可。在前進飛行中使機體向左右翻滾，就能夠進行迴旋動作。

橫軸⋯pitch

通過機體左右的軸，是上下的移動。當前後操作操縱桿時，機體會以此軸為中心「俯仰」（pitching），只要將主旋翼的迴轉面前後傾斜即可。

垂直軸⋯yaw

上下貫通主旋翼桅杆的軸，乃是左右的動作。這是透過反扭矩系統（請參考1-05）所作的操縱，因此當駕駛員以雙腳左右踩踏板時，將使機首以此軸為中心向踩踏的方向「偏航」（yawing）。

➡ 直升機的運動（3軸）

直升機可以同時且自由地操控這些軸

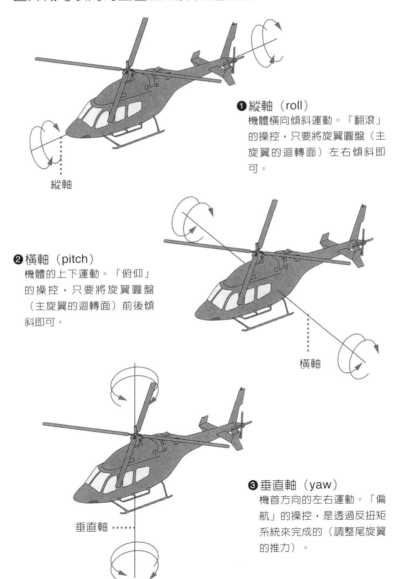

❶ 縱軸（roll）
機體橫向傾斜運動。「翻滾」的操控，只要將旋翼圓盤（主旋翼的迴轉面）左右傾斜即可。

縱軸

❷ 橫軸（pitch）
機體的上下運動。「俯仰」的操控，只要將旋翼圓盤（主旋翼的迴轉面）前後傾斜即可。

橫軸

垂直軸

❸ 垂直軸（yaw）
機首方向的左右運動。「偏航」的操控，是透過反扭矩系統來完成的（調整尾旋翼的推力）。

4-02 以右手操作的操縱桿
～週期變距操縱桿

　　以右手握的操縱桿是「週期變距操縱桿）」（cyclic pitch lever，以下簡稱駕駛桿）。是駕駛員坐在駕駛座時，從地板突出至兩膝之間的桿子。前後左右移動此駕駛桿時，主旋翼的迴轉面（旋翼圓盤）也會跟著前後左右傾斜。

　　直升機的前進、後退、側進，是藉由將主旋翼的升力傾向想前進的方向來進行的。也就是說，機體會向駕駛桿所傾斜的方向移動。傾斜的角度愈大，速度改變也就愈大。

　　若將駕駛桿維持在中央，就會成為懸停狀態，雖然此時並不會產生向上的升力，但只要加以傾斜，升力就會移往傾斜的方向，因此機體也就能夠前進。

　　從懸停轉換成前進飛行時，要將駕駛桿向前推。接著，機體就會向前進。想要向右迴旋時就向右傾，想向左迴旋時就傾向左側。當駕駛桿從懸停狀態向後倒時，機體就會後退。

　　若駕駛桿向左右傾斜，在懸停時機體只會向左右移動，但如果是在正加速向前飛行時，就能夠做出迴旋的動作。此時如果再加上前後方向的傾斜操作，機首會上下移動而影響到飛行速度，所以要特別注意。駕駛桿需要非常精細的操作。懸停中如果想要讓機體移動1公尺時，駕駛桿只需要移動數釐米即可，絕不能用力移動。

➡ 以駕駛桿控制旋翼圓盤的傾斜度

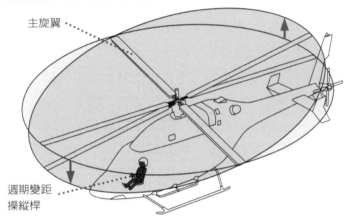

主旋翼

週期變距
操縱桿

↑ 將週期變距操縱桿向前推，旋翼圓盤（主旋翼的迴轉面）就會向前傾，藉此就
能從懸停轉變為前進飛行。如果更向前傾就能提升飛行速度，此時機體會呈現
稍微前傾的姿勢。如果倒向反方向（將駕駛桿拉向自己的方向）就能夠後退飛
行。

➡ 將旋翼圓盤左右傾斜

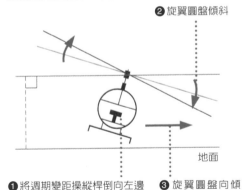

❷ 旋翼圓盤傾斜

地面

❶ 將週期變距操縱桿倒向左邊

❸ 旋翼圓盤向傾
　斜的方向前進

將週期變距操縱桿倒向左邊，旋翼圓盤（主旋翼的
迴轉面）就會向左下方傾斜。藉由此動作就能在懸
停中，不改變機首方向地左右移動。若是在前進飛
行中的狀態則向左迴旋。圖是從直升機正面來看
的角度，因此左右會相反。

↑ 以右手前後左右地操作週期變距
操縱桿。

4-03 以左手操作的操縱桿

～總距操縱桿

以左手握的操縱桿爲「總距操縱桿」（collective pitch lever，以下簡稱總距桿），形狀就像是汽車的手煞車一樣，位於駕駛座的左方，可上下移動。是用來改變主旋翼葉片螺旋角（攻角）的構造，將操縱桿上拉直升機就會上升，下壓時就會下降。直升機不同於飛機，能夠自由地在垂直方向移動是其特徵，因此總距桿具有非常重要的功能。

起飛前總距桿會在最下方的位置，因此只要向上提拉就能夠起飛。當主旋翼葉片的螺旋角變大，藉由流動氣體間的壓力差所產生的上提力量也會變大（請參考1-04），因此升力將會增加。

利用這種方式就能夠從起飛轉變成懸停狀態。此外，在前進飛行中若想要上升，同樣也是將總距桿上拉。此時右手會將操縱桿向前推來前進，因此拉提總距桿能使旋翼葉片的螺旋角變大，產生的升力還能成爲往前進方向的推力。因此，總距桿並非只是上下動作，在前後左右飛行時也能發揮極大的功用。總距桿的握把上附有能調節引擎迴轉數的節流閥。操縱桿就像是機車握把上的油門一樣，只要向外側扭轉迴轉數就會提高，而向內側扭轉時迴轉數就會下降。然而，總距桿的上下操作與節流閥，是透過「引擎調速器」（迴轉數補正裝置）的裝置來連動，因此一般飛行時並不需要去操作節流閥。

➡ 總距操縱桿

使旋翼圓盤的螺旋角（攻角）增大（升力變大）

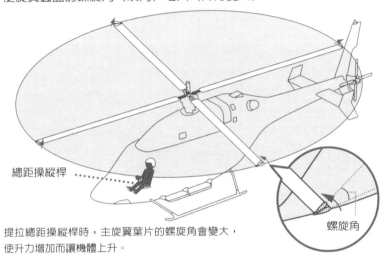

總距操縱桿

螺旋角

提拉總距操縱桿時，主旋翼葉片的螺旋角會變大，
使升力增加而讓機體上升。

➡ 總距操縱桿的構造

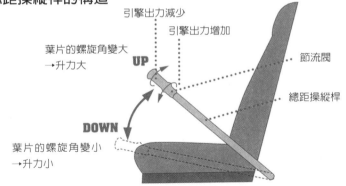

引擎出力減少

引擎出力增加

葉片的螺旋角變大
→升力大

UP

節流閥

總距操縱桿

DOWN

葉片的螺旋角變小
→升力小

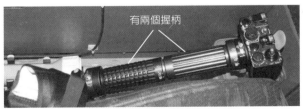

有兩個握柄

←此總距操縱桿屬於
　雙引擎機，因此
　引擎的節流閥有兩
　個。

4-04 操作腳踏板
～反扭矩控制

　　直升機光只是旋轉主旋翼，機體將無法平衡，所以反扭矩系統是不可或缺的，這點已經再三地反覆說明。因此尾旋翼是直升機一定要有的裝置。

　　尾旋翼的主要目的在於抵銷主旋翼所產生的扭矩。不過如果利用此效果稍微加以調整，就能夠在懸停中改變機首的方向。尾旋翼也成為能夠改變螺旋角的裝置（請參考5-08），其操作是透過腳踏板（反扭矩踏板）來進行的。腳踏板則是用雙腳左右地加以踩踏。

　　一般直升機，主旋翼是向左迴轉，因此如果什麼都不做機體便會向右轉。為了抑制這種現象，就要隨時稍微踩住左踏板來對抗扭矩，維持機首的方向。因此，如果要將機首向右轉時，只要稍微踩住右踏板，在扭矩的影響下就會直接轉向右。想要將機首轉向左邊，就得要稍微用力地踩下左踏板來對抗扭矩。

　　舉個例子來說明吧！在向北的狀態持續靜止於空中時，只要稍微踩一下腳踏板後放開，機體就會向右轉90度；將機首方向轉向東方，再將機首方位向右轉90度，機體就會變成朝向南方。要準確地停在自己想要轉的方向，一開始可能不太容易，不小心踩過頭的話，就會造成「操作過量」（over control）。如果持續踩著不放，機體就會原地打轉，因此在停止機首的迴轉前需要先踩一下另一邊踏板來取得平衡。

維持正面

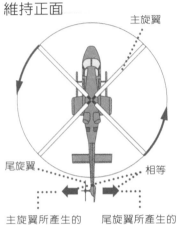

↑主旋翼為左迴轉的直升機，由於主旋翼所產生的扭矩，機首會轉向反方向的右側。此時就需要稍微踩住左踏板，使尾旋翼產生一定的推力，以維持機首方向。

↑腳踏板。除了被稱為反扭矩踏板外，也有人將其與飛機同樣都稱之為「方向舵踏板」。藉由踩踏腳踏板來改變尾旋翼葉片的螺旋角，可以調整橫向的推力。

向左

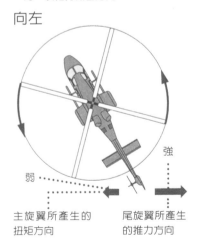

↑持續踩左踏板尾旋翼的螺旋角會變得更大，尾旋翼所產生的推力會大於主旋翼所產生的扭矩，也就能將機首轉往左邊。

向右

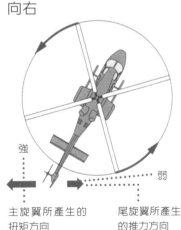

↑踩右踏板時，尾旋翼的螺旋角會縮小，尾旋翼所產生的推力會變小。也就是說只要減弱了對主旋翼所產生之扭矩的抵抗，機首就會轉向右邊。

4-05 懸停
~事實上是非常困難的操縱技巧

　　如果直升機不能完成懸停，就無法起飛與降落。雖然懸停是操縱直升機時的基本技巧，但同時也是最困難的技巧，絕非外行人能夠輕易完成的。要能夠確實地完成懸停，需要10個小時以上的訓練。最重要的是要能夠先判讀風的狀態，接著就是用身體去感受操作駕駛桿與腳踏板時的機體動作，然後就是不斷地練習。

　　懸停的訓練，通常會正對迎風來進行，在高度1～1.5公尺處完成空中靜止是最基本的。要從地面移動到懸停時，首先先慢慢地提拉總距桿。此時扭矩會增加，機首會向右轉動（主旋翼為左迴轉的情況），因此要踩下左腳踏板，使機首維持在前方正向的狀態。當機體開始上浮，為了能維持在此位置，需要不斷地進行駕駛桿的微調。

　　如果在無風的狀態，只要將操縱桿維持在中間即可，但事實上完全無風的天氣是相當少見的，此外也不能忘了本身旋翼所刮起的風也會不斷地碰撞到機體。當快要被吹往右方時，就要將駕駛桿稍微向左擺動進行微調，但若不習慣的話會非常困難。有時視情況也需要在側風狀態下維持懸停，此時要操作駕駛桿使其隨時與風的方向對抗（相反），而維持高度時只要使總距桿保持平衡，就不會太過困難。在懸停中若想要改變機首方位時，就要透過左右腳踏板來操作。

➡ 從地上轉換到懸停時

想要保持機首方位

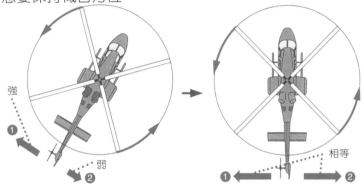

❶ 主旋翼所產生的扭矩方向
❷ 尾旋翼所產生的推力方向

↑ 提拉總距桿會使引擎出力增大、升
力增加。於是，就會使主旋翼所產
生的扭矩增加。接著機首就會轉向
右方（主旋翼為左迴轉的情況）。

↑ 在提拉總距桿的同時，踩下左踏
板，增加尾旋翼所產生的推力，就
能夠抵抗主旋翼所產生的扭矩，維
持機首方位。

↑ 懸停是維持空中靜止的技巧，使機體不被風吹動，在上浮的瞬間若不利用腳踏板來抵
抗主旋翼所產生的扭矩，就無法維持正向。照片為奧古斯塔魏斯蘭公司「AB412」。
照片提供：奧古斯塔魏斯蘭公司

4-06 直升機要如何起飛呢？
～從懸停到前進飛行

　　雖然直升機能夠從地面垂直地不斷上升，但這種起飛方式並不常見。一般會在離地1～1.5公尺的高度進行懸停後，向前上方起飛。如此一來前進速度與升力便能夠取得平衡，除了能安定地起飛外，搭乘感也較舒適。

　　這種方式被稱作為「正常起飛」（normal take off），首先從懸停狀態將駕駛桿向前推，慢慢地增加前進速度。達到25km/hr左右的速度時（依機種而異），主旋翼會產生前進所需的推力（平移升力translational lift），因此直升機就能夠持續地慢慢上升。

　　當總距桿在保持懸停時便已經拉起，但如果是想讓機體以陡急的角度上升時，就必須在機體快要下沉時，同時將總距桿更往上拉。要將總距桿往上拉，就需要有相應的反扭矩，因此必須要微調腳踏板使機首能維持在前方。不過，當速度提升以後，在尾管上所裝的垂直平衡翼（vertical stabilizer）的作用下，反扭矩會比懸停時所受到的要來得少，因此左踏板就不需要踩得像原本那麼大力。

　　另外，日文裡面雖然簡單地稱為「起飛」，但從地面上升進入懸停狀態，正確的說法應該是「離地」（lift off），在進入巡航狀態之前才稱做「起飛」（take off）。

➡ 正常起飛

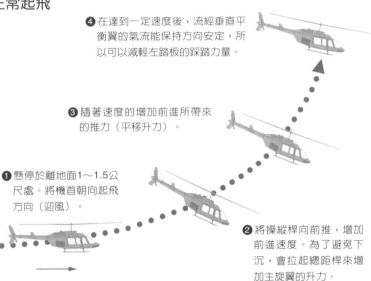

❹ 在達到一定速度後，流經垂直平衡翼的氣流能保持方向安定，所以可以減輕左踏板的踩踏力量。

❸ 隨著速度的增加前進所帶來的推力（平移升力）。

❶ 懸停於離地面1～1.5公尺處。將機首朝向起飛方向（迎風）。

❷ 將操縱桿向前推，增加前進速度。為了避免下沉，會拉起總距桿來增加主旋翼的升力。

↑ 從懸停進行到起飛（前進飛行）時，主旋翼的迴轉面會傾向前方，因此一開始機體會呈前傾姿勢。迎風起飛是最基本的，但若因為直升機場或跑道等而有固定起飛方向時，也會在側風狀態下起飛。

4-07 水平飛行與速度調整
～迴旋以及上升、下降

朝向目的地的巡航會採取「平直飛行」（straight & level flight），這是指維持高度與方位飛行的狀態。然而，沒有自動操縱裝置的直升機，是無法將手從駕駛桿上移開的。尤其是必須持續地進行駕駛桿的微妙操控。

在前進飛行時，主旋翼的迴轉面會稍稍傾向前方，因此駕駛桿為呈現稍微向前倒的狀態。如果將駕駛桿後拉，會使速度減慢，因此如果要維持速度，就必須將駕駛桿維持在固定位置。

此外，如果想要再稍微提高速度，而將駕駛桿再往前壓倒，機首就會向前傾，而從水平飛行轉變成下降。這時若要保持飛行高度，就必須以駕駛桿向前傾的量相應地拉起總距桿，來增加主旋翼所產生的升力。也就是說，加速與減速以及高度的維持，都必須要透過駕駛桿與總距桿兩者微妙地去調整。此外，當駕駛桿稍微向左右傾斜時機體就會迴旋，因此光是要直線水平地持續飛行，對於直升機操縱而言就是件相當困難的事。

若要由平直飛行稍微上升、下降，就不需移動駕駛桿，而需要上下操作總距桿。迴旋時要將駕駛桿向左右倒，但如果同時壓下或拉起駕駛桿與總距桿，機首就會忽上忽下又或速度變化不定，因此要一邊注意看著速度表一邊操作。

➡ 要如何一邊平直飛行一邊控制速度呢？

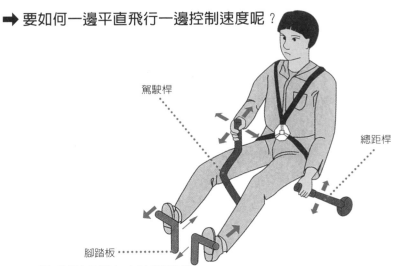

駕駛桿

總距桿

腳踏板

- 將駕駛桿向前倒時，要拉起總距桿。
- 向後拉駕駛桿就要壓下總距桿。
- 不左右移動駕駛桿。
- 在拉起、壓下總距桿時，機首如果會左右晃動，就操作腳踏板進行微調（也有許多直升機在一定速度時，就不需要操作腳踏板）。

↑ 在水平飛行中速度提升時，主旋翼的迴轉面會更加向前傾，因此會暫時變成前傾姿勢。照片為MD直升機公司的「MD902」。

照片提供：AeroPartners

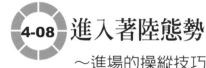

4-08 進入著陸態勢
～進場的操縱技巧

　　與懸停同樣困難的操作，是朝降落地點的進場（進入・下降），從巡航狀態慢慢地降低速度、高度，在達到預定目標前必須巧妙地控制機體才行。或許會覺得很簡單，但進場時如果未保持一定下降角度，乘客也會感到不適（機體上下起伏的感覺會讓人不舒服），所以是操縱時最需特別注意的地方。當然緊急下降是絕對禁止的。下降角度通常爲10度左右（正常進場；normal approach），比起飛機能以更深的角度下降。如果距離降落地點較近時，可以以15度左右的陡急角度（大角度進場；steep approach）來降落，從遠距離緩緩地降低高度時，則可以用5度左右的平淺角度（小角度進場；shallow approach）來降落。進場的下降角度可以用慢慢壓下或大力壓倒總距桿來控制。壓下總距桿時，反扭矩會變小，所以此時要踩下右踏板。

　　因爲直升機巡航飛行時可以達200km/hr，所以在要進場時必須要慢慢地減低速度才行。雖然這項控制只要將駕駛桿拉向自己就好了，但往後拉就會使機首上揚而使高度上升，因此需要同時將總距桿壓得更低，使下降角度維持不變。當速度降到一定程度時，主旋翼的推力會變小而無法浮在空中，所以這時就要反向地拉起總距桿。同時踩下左踏板，來保持機首的方向，並移動到降落地點上方1～1.5公尺處進行懸停。

正常進場

❶ 以約10度的角度進入。一般速度約為105km/hr。
以駕駛桿控制速度，總距桿調整高度。

❷ 高度約剩30公尺開始，慢慢地
後拉駕駛桿來減速。

❸ 平移升力逐漸變小，但為
了維持一定的下降角度，所
以要慢慢地提拉總距桿。同
時為了保持機首向正前方要
踩下腳踏板。

❹ 減低前進速度與下降速度，
拉起機首。

❺ 在降落地點的1～1.5公尺上空
將對地速度調成0，進行懸停。

↑ 在降落地點由進場朝懸停變換時，為了降低速度，通常會拉起機首，成為機首微微上
揚的姿勢。直升機的重量如果比平常來得重，特別容易會變成這樣。只是，如果將駕
駛桿往後拉過頭，可能會讓尾管比降落裝置先著地，所以要特別注意。迎風進場是
最基本的，但如果是在側風狀態進入時，就要左右操作駕駛桿來與風對抗（偏滑方
式）。照片為奧古斯塔魏斯蘭公司的「A109E Power」。

照片提供：奧古斯塔魏斯蘭公司

4-09 主旋翼迴轉數要固定

～隨時維持在100%

　　主旋翼的功用是產生直升機飛行時所需的推力與升力。

　　或許有許多人會認爲這就像是調整電風扇的強弱一般，「低速飛行時就迴轉得慢些，高速飛行就轉得快些」，但其實並不是這樣的。直升機升力與推力的調整，是透過主旋翼螺旋角的改變來進行的，因此飛行中的主旋翼迴轉數是隨時維持不定的。反過來說，在地上發動引擎後，在未達一定迴轉數前是無法起飛的。

　　迴轉數是由駕駛艙的儀表以百分比來顯示的，因此駕駛員可以輕易地就看出是否維持在一定的迴轉數。正確的迴轉數爲100%，如果迴轉數稍微有點上下浮動，就會無法正常飛行。雖然依機種而有所不同，但容許範圍爲97%～104%，主旋翼的迴轉數在100%時約爲510rpm（1分鐘510轉）。

　　然而，在起飛或懸停時，旋翼圓盤的螺旋角會加大，空氣阻力因而增加使迴轉數下降。因此，當加大螺旋角時若不增加引擎出力，便無法維持迴轉數。而控制螺旋角的是總距桿，也就是說，將總距桿上提的同時，也要加大節流閥（引擎出力），不過這些操作都是由引擎調速器（迴轉數補正裝置）自動進行的。因此，駕駛員只要確認旋翼迴轉數與引擎迴轉數之間是否隨時100%吻合即可。如果，任一邊迴轉數下降的話，就是有異常。

↑ 渦輪直升機的引擎旋翼轉速表。外側為引擎迴轉數，內側為旋
翼迴轉數，「10」的指標代表著100%的意思。照片中，兩邊
的迴轉數是一致的，因此重疊的指針看起來就像是只有一根。
照片為富士貝爾「UH-1J」的儀表。

↑ 活塞式直升機的引擎（E）與旋翼（R）的轉速表。兩邊的指
針都維持在100%附近。任一邊的指針位置不同，則表示處於
引擎與旋翼迴轉不一致的異常狀態。照片為羅賓遜直升機公司
「R-44」的儀表。

直升機也可滑行後再起飛

～當引擎出力不足時

　　當引擎出力不足以進行懸停時，有時也會採用被稱為「滑跑起飛」（running take off），使直升機如飛機一般地進行滑行起飛。這是因為當氣溫與溫度過高時，又或在標高較高的場所，密度高度較高（空氣密度低）的情況下，引擎的最大出力會下降。而當裝載大量燃料或貨物使機體變重時，也會成為相同的狀態。

　　滑跑起飛一定要將機首對著迎風，將引擎出力到最大，總距桿拉起前將駕駛桿微微前傾，以產生向前的推力，接著，慢

➡ 滑跑起飛的方法

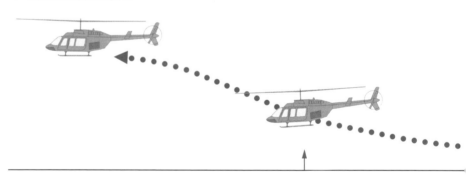

❺ 進入通常的加速‧上升。
※不過，在滑行開始前，連在最大出力下都無法將機體稍微抬離地面時（無法懸停約30公分以上時），使用這個方法也無法起飛。

❹ 在取得平移升力前使用駕駛桿與總距桿來加速。得到足夠的平移升力後，將駕駛桿稍微後拉使機體上浮，保持水平姿勢。在出現上升速度前維持在約3m以下的高度。

慢地拉起總距桿。車輪可能會直接著地或是稍微離開地面開始
前進，但到了25km/hr左右時，就能得到平移升力（變換成前
進飛行時所得到的額外推力），機體便會輕輕地上浮。愈加速
上升所需的升力就會增大，因此就算不懸停也能直接起飛。

　　若降落系統是滑橇式的機體，只有一開始會在地面上流暢
地滑動，並不太適合這種起飛方式，而車輪式的機體就沒有這
種問題了（請參考5-01）。不過，拉起總距桿時機首會擺動，
因此如果不同時操作腳踏板來維持機首方向，就無法在跑道上
直線前進。要習慣這項操作，就有必要進行這種起飛方式的訓
練。

　　正對機首的風愈大，就能愈快獲得平移升力，因此能讓滑
行起飛變得更容易。

❸ 要防止滑跑中偏滑，要
用腳踏板來保持機首方
位。

❷ 將駕駛桿微微向前倒，
微微離開地面開始移動
時慢慢地拉起總距桿。

❶ 正對風向，調整引擎出
力。

4-11 在接近垂直的狀態下起飛

～從狹窄處起飛

　　直升機雖然能從地面垂直上升，但機內搭載著乘客、行李與燃料，起飛時有著相當的重量，因此這種起飛方式並不怎麼受到駕駛員的青睞。因此，通常都會採用正常起飛（請參考4-06）。

　　但是，如果是符合直升機場標準的場地，周圍有充足的空間所以不會有問題，但有時直升機會降落在狹窄的場地，比方說建築物與建築物的間隙。而降落以後，當然還是得要起飛。在要飛行的方向，有建築物或樹木等障礙物，就需要有能飛越障礙物後再變換成前進的方法才行。

➡ 最大性能起飛

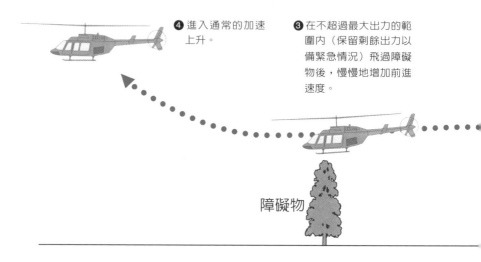

❹ 進入通常的加速上升。

❸ 在不超過最大出力的範圍內（保留剩餘出力以備緊急情況）飛過障礙物後，慢慢地增加前進速度。

障礙物

　　這項方法被稱作為「最大性能起飛」（maximum performance takeoff），這是使用接近最大的出力，一口氣用陡急的角度一邊上升一邊取得高度的方法。也就是說，並非由離地（懸停）轉換至起飛，而是不斷地懸停後直接飛行的概念。首先依懸停的要領將駕駛桿維持在中立的位置，不斷地將總距桿拉提。此時，在出力攀升的同時踩下踏板調整機首方向。可能的話在機體浮起以後，立即將機體迎向風面，朝該方向前進就能夠更有效率地起飛。

　　這時要注意不要太大力地提拉總距桿以免超過最大出力，隨時保留餘力是相當重要的。渦輪直升機中，最大出力會受到扭矩與渦輪溫度（EGT或TOT）的限制，因此需要經常確認儀表一邊進行操作。

❷ 讓駕駛桿保持近乎中立的位置，將總距桿提拉至接近最高出力。同時利用腳踏板來維持機首方位。

←用此方法起飛時，在直升機浮起後，需要有能在地面效應外（請參考4-13）也仍能進行懸停的充足出力。也必須考量到此時的風向、風速、溫度、標高、直升機的總重量、重心位置等條件，並熟知性能的極限。要發揮引擎出力的最佳條件為氣溫低、迎風強、標高低。當超過最大出力時，在起飛時會對引擎造成過大負擔，有可能造成引擎損傷。

❶ 在起飛位置進行懸停，以低速上升確保留有充足的剩餘出力，將機首朝向起飛方向。

4-12 引擎如果停止了該怎麼辦？
～以自旋減速著陸

　　直升機就算在飛行中因某種故障而使引擎停止，旋翼也不會立刻停止而導致墜落。這是因為有著能自動將引擎與旋翼切隔開的「空轉器」（free wheeling unit）。

　　當然，直升機在沒有引擎出力的狀態下是無法上升，也沒辦法保持水平飛行。機體會因重力而不斷下降，但只要將機首向下一邊前進一邊下降，就能透過由下方而來的空氣接觸到葉片所產生的力量（相對風）使旋翼繼續轉動。藉此能夠多少產生些許升力，因此能夠勉強地繼續飛行，採取緊急迫降。

　　此種方式稱為「自旋」（auto rotation），直升機駕駛員一定都會不斷進行此訓練。很難想像雙引擎直升機的2具引擎同時停止的情況，但單引擎直升機如果在察覺到引擎停止的瞬間，沒有進行自旋的程序，便很有可能產生無法進行軟著陸而直接墜落的危險。

　　一旦引擎停止而開始下降的機體，便已經無法回到原本狀態，所以完成的機會只有一次。勉強飛到最低安全高度（150m）的直升機從進入自旋到著陸為止約為7秒。瞬間的判斷與適當的操作是極為重要的進階技巧。

　　然而，實際上在高空中故意關掉引擎是相當危險的，所以在訓練時，是藉由將總距桿壓到底（模擬不用引擎的力量飛行的狀態），在著陸前回復出力的方法來進行。

➡ 自旋著陸的方法

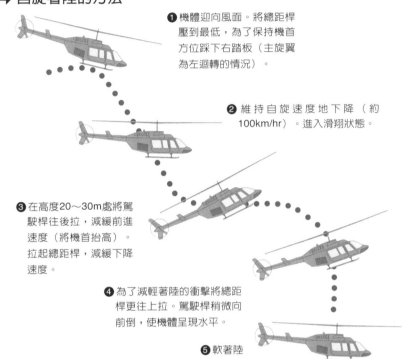

❶ 機體迎向風面。將總距桿壓到最低，為了保持機首方位踩下右踏板（主旋翼為左迴轉的情況）。

❷ 維持自旋速度地下降（約100km/hr）。進入滑翔狀態。

❸ 在高度20～30m處將駕駛桿往後拉，減緩前進速度（將機首抬高）。拉起總距桿，減緩下降速度。

❹ 為了減輕著陸的衝擊將總距桿更往上拉。駕駛桿稍微向前倒，使機體呈現水平。

❺ 軟著陸

※就算引擎停止，只要主旋翼受風而繼續迴轉，透過傳動裝置尾旋翼也會跟著迴轉，因此在自旋中同樣也能夠控制機首方位（腳踏板操作）。

➡ 自旋時的空氣流動方式

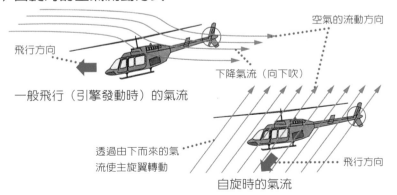

空氣的流動方向

飛行方向

下降氣流（向下吹）

一般飛行（引擎發動時）的氣流

透過由下而來的氣流使主旋翼轉動

飛行方向

自旋時的氣流

4-13 帶動力下沉
〜被捲入下降氣流的話會有危險

　　每個人應該都可以想像得到，直升機主旋翼轉動時，周遭會有強力的風向下吹，就像前面所說過的，這陣風稱之為下降氣流（downwash）。當風力太強時會將周圍的物體吹走是一大問題，但產生下降氣流是直升機的宿命，所以也無法解決。

　　下降氣流有好壞兩方面的效果。在好的方面，如1-02所解說過的地面效應。在靠近地面進行懸停時，由本身旋翼所製造的下降氣流，能使機體產生上浮的效果，從地面反彈的風再次接觸到旋翼，強力的氣流會成為緩衝，因此可以減少懸停時引擎的出力。距離地面1〜2公尺的懸停一定會產生這項效果，但如果是在更高的高度懸停的話就必須在地面效應外，再將總距桿拉高來產生升力。

　　然而，如果機體以近乎垂直的狀態下降（尤其是緊急降落）的話，可能會使機體不斷地進入本身主旋翼所吹出的下降氣流當中，因而無法停止下降導致下降率提升，稱之為「帶動力下沉」（settling with power）。這是駕駛員所害怕的現象之一，必須盡可能操縱機體使其不陷入帶動力下沉。如果直升機陷入帶動力下沉狀態，只要冷靜地增加前進速度就能夠回復，但若操作不當則會有失速墜落的危險。

➡ 下降氣流效果的差異

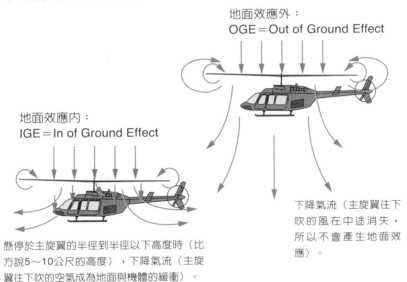

地面效應外：
OGE＝Out of Ground Effect

地面效應內：
IGE＝In of Ground Effect

懸停於主旋翼的半徑到半徑以下高度時（比方說5～10公尺的高度），下降氣流（主旋翼往下吹的空氣成為地面與機體的緩衝）。

下降氣流（主旋翼往下吹的風在中途消失，所以不會產生地面效應）。

➡ 帶動力下沉的狀態

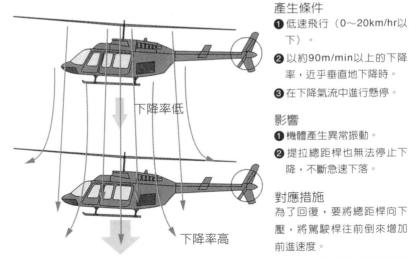

下降率低

下降率高

產生條件
❶ 低速飛行（0～20km/hr以下）。
❷ 以約90m/min以上的下降率，近乎垂直地下降時。
❸ 在下降氣流中進行懸停。

影響
❶ 機體產生異常振動。
❷ 提拉總距桿也無法停止下降，不斷急速下落。

對應措施
為了回復，要將總距桿向下壓，將駕駛桿往前倒來增加前進速度。

↑ 正向下產生下降氣流中。然而，如果機體以近乎垂直的狀態下降（尤其是緊急降落），可能會使機體不斷地進入本身主旋翼所吹出的下降氣流當中，因而無法停止下降導致下降率提升。

119

4-14 清楚了解危險領域
～為了安全地駕駛直升機

　　駕駛員實習生光是記住操縱方法、讓身體記住一般飛行的感覺，或許並不需要花太多的時間。但直升機飛行的結構相當複雜，存在著許多可能的危險。如果沒想太多地做了錯誤的操作，就會導致嚴重事故。判讀環繞直升機的空氣動向，採取適切的行動是相當重要的。

　　在什麼時候絕對不能採取怎樣的操縱，有許多像這樣的注意事項，必須將其全部牢記在腦中才能夠安全地飛行。此外，如果陷入不正常的飛行狀態時，要怎麼做才能夠回復正常，事先進行這樣的訓練也有其必要。就像前面所說過的，自旋與帶動力下沉就是其中之一。

　　比方說，駕駛桿應該是要小心翼翼地操作的，但如果激烈地壓倒，蹺蹺板式機翼的機體會發生「桅杆衝撞」（mast bumping）。這是主旋翼碰觸到桅杆（轉動主旋翼的軸）使旋翼分解的情況。將機體太過前傾，就會陷入低重力狀態，但如果急忙地想要加以修正，而用力地移動駕駛桿，主旋翼會出現過度擺動（請參考5-04），碰撞到桅杆而斷裂。

　　此外，如果不是以前進飛行，而是用橫向‧後退飛行來加速，也有可能會超過尾旋翼的負荷。也就是說就算沒有發生任何機械故障，在氣流的負面影響下，尾旋翼會變得無法作用（所謂的LTE），無法壓抑扭矩使得機體開始旋轉，變得無法停止。

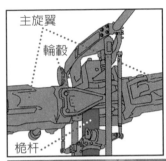

←就像圖示一般，當主旋翼的輪轂接觸到桅柱
　時，就是桅柱碰撞。

桅杆

↑2片式旋翼（蹺蹺板式旋翼）的機體，當主旋翼迴轉面急速傾斜時，就會導致桅
　柱碰撞。就算機體沒有故障，只要有一項操作錯誤，就會損傷到機體，而造成
　致命的結果。操縱是非常精細的事。照片為2片式旋翼的貝爾直升機公司「Bell
　206L Jet Ranger」。　　　　　　　　　　　　　　　　照片提供：貝爾直升機公司

※LTE=Loss of Tail-rotor Effectiveness（尾旋翼失效）

4-15 雙引擎機的操縱
～活用2具引擎的馬力

　　雖然直升機就算在飛行中引擎發生故障，也可以利用自旋（請參考4-12）進行緊急迫降，但無可否認如果是位在城市裡或山岳地帶等無法立即找到適當降落場所的上空時，就有可能導致致命事故，這點也是不可否認的。因此，為了提高航行時的安全性，研發出了裝備複數引擎的直升機。近年來引擎本體不斷地被小型、輕量化，因此在商業上就連總重量2噸等級的小型直升機，也有愈來愈多航空公司選擇多引擎機。雖然機體昂貴且維護成本與困難度高，但也顯示比起這些因素，航空公司更重視安全性。

　　在多引擎機TA級的航行中（請參考3-01），在各種的飛行狀態下，具備了就算有一邊的引擎停止，也能夠繼續飛行或安全著陸的性能。比方說，當垂直上升中引擎停止了，這是需要最大級馬力（引擎出力）的情況，此時如果距離地面在50公尺以內可以立即停止起飛返回地面，但如果是在此之上的高度，也可以游刃有餘地先變換到前進飛行後，再次選擇降落地點。

　　雙引擎機的出力會受到傳動裝置性能的限制，通常會使用每具引擎75～85％，將2具的出力統整起來轉動旋翼，而其機制為如果有一邊引擎故障了，另一邊引擎出力就會自動地增加（緊急出力）。因此，並不會馬上就發生馬力不足的情況，就算不採用自旋等特別的操作，也能夠從容地尋找降落地點。

單引擎機　　　　　　　　　　　　©Eurocopter/Patrick PENNA

雙引擎機　　　　　　　　　　　　©Eurocopter/Patrick PENNA

↑同樣款式的直升機，廠商也會準備單引擎與雙引擎型。上方照片為歐洲直升機公司「AS350B3」，引擎為1具。下方照片為歐洲直升機公司「AS355NP」，引擎為2具。 雖然機體大小沒什麼不同，但引擎1具與2具的安全性就有所差異。可能的話，搭載2具引擎還是比較讓人放心。若是雙引擎機，主旋翼桅杆下的引擎排氣孔有2個。要重視經濟效應還是注重安全性，該選擇哪種機體端看使用者的考量。

機體資料

機體名	搭載引擎	最大起飛重量
AS350B3	Turbomeca Arriel 2B1（1具） 847馬力（離陸出力）	2,250公斤
AS355NP	Turbomeca Arrius 1A1（2具） 556馬力*2（單引擎時最大緊急出力）	2,600公斤

4-16 直升機的導航❶

～基本為「地標導航法」

　　直升機不同於飛機，大多是採低高度飛行，除了直升機場外，能立即降落在想前往的地點是其優點。因此，駕駛員必須仔細注意地上的目標，來判斷自己飛行在什麼地方。也就是說駕駛員如果不清楚地理環境，就無法駕駛直升機。

　　因此，就算是頂尖駕駛員，如果是在初次飛行、不認識的環境下，會先仔細查看地圖，調查地面上哪裡有哪些東西後，在腦海中想像後才開始飛行。

　　類似客機所使用的無線導航系統，雖然直升機也有搭載，但如果是熟悉地理環境的駕駛員，通常並不會去利用這些設備。如果氣象條件（視野）許可，就能夠一邊看著地上的景色，來判斷自己飛到哪裡，因此並不怎麼需要依靠機械。也就是說，「地標導航法」是最基本的。

　　將每次飛過的地上景色牢牢地記住，以及將地上的地標（Landmark）烙印在腦中是相當重要的。雖然也會看為航空器的導航所製作的「航空圖」，但對於直升機來說，市面上販售的道路地圖也相當有用。沿著新幹線、高速公路、大河上空飛行的話，對於自己的飛行方向就能夠有直覺的認識。反過來說，在看不見地上景色的情況下，就無法順利地駕駛直升機。此外，就像汽車的導航系統一樣，GPS對直升機而言也是相當方便的工具，可以在畫面中的地圖顯示自機位置，駕駛員有時還會一邊看著導航系統一邊駕駛。

↑ 飛行在神戶上空的直升機。高度約600公尺。駕駛員基本上是一邊看著地上的景物來飛行的。只要記住地標，就能夠馬上知道自己飛行在什麼地方，而不用擔心。右邊為六甲山，左邊為瀨戶內海。沿著鐵路或高速公路飛在其上空，就能夠輕易地知道自己的位置。

↑ 有許多直升機利用GPS作為輔助用導航系統。對於自己目前飛行在什麼地方，能夠一目瞭然。

4-17 直升機的導航❷
～目視飛行與儀表飛行

　　就像前面所說過的，直升機最基本的飛行方法為由駕駛員以目視判斷位置來飛行，這被稱之為「目視飛行規則（VFR）」。然而，當天候急速惡化，使視野不良，又或進入雲中時，現代直升機也能夠安全地飛行。

　　當進入雲中時，會完全看不見外面景色，但直升機有著光是觀看駕駛座的儀表便能夠掌握飛行狀態（飛行速度、飛行方位、飛行高度等）與自機位置的裝備，所以能夠繼續飛行。這被稱為「儀表飛行」（IFR）。

　　然而，儀表飛行必須要有能跟地上航空管制機關進行無線通信（請管制官進行監視與誘導）的條件才行。自機周圍是否有其他航空器、是否飛行在會撞上山等障礙物的地方，駕駛員並無法以肉眼來判斷，因此要請管制官傳達這些狀況才能夠繼續飛行。

　　另外，儀表飛行除了必須飛行在一定高度以上（地面雷達偵測不到）外，也不能未經管制官許可地變更路線與高度。因此，一定得要通過某特定空域時才會使用的。實際上當視野極度惡劣時，直升機進行低高度飛行是相當危險的，所以並不會在大雨、暴風、大霧等惡劣氣候下勉強飛行。

　　另外，直升機如果能夠看得見地上的目標，就算是在夜間也能夠以目視飛行的方式來飛行。

東京直升機場

羽田機場

↑ 低高度飛行的駕駛員所用的航空圖（chart）。標記著鐵路、道路、建築物等地標，可
　以很清楚地看出羽田機場與東京直升機場間的位置關係。此外，首都圈的直升機場位
　置也用Ⓗ的記號標記出來。順道一提，客機是以高高度飛行，所以並不會使用這樣的
　低高度用航空圖。

出自：日本航空機操縱士協會發行　《首都圈詳細航空圖》

4-18 爲了安全飛行的規則❶
～在航空管制下飛行

　　航空的交通規則，由各國的「航空法」所訂定。最低飛行高度的限制也是如此（請參考6-02），駕駛員必須遵守規則來飛行才行。

　　於機場起降時，就算是直升機也必須遵守航空管制員的指示。若是沒有管制員的許可，就不能隨意地進行起降。爲了讓周邊飛行的客機與其他飛機間能夠保持間隔地飛行，完全掌握現在、哪裡有什麼飛機在飛的地上管制員其支援是不可或缺的。

　　雖說直升機能夠輕易地自由移動，但如果飛在與飛機飛行路線相反的方向，將會導致空中碰撞等事故。因此，就有了在機場周邊時由管制官決定進入方式與使用跑道，依其指示飛行的規定。位於管制塔臺的管制員所控制的範圍稱之爲「管制圈」。爲機場半徑5海里（約9公里）、高度3,000呎（約900公尺）的範圍。管制圈外的直升機，只要遵守其他既定規則，就能夠自由地飛行。

　　此外，在雨天與視野不佳的情況下，必須得要進行儀表飛行時，將依照管制員的指示來駕駛。管制員雖然肉眼看不見正在飛行的機體，但可藉由觀看雷達所顯示的機影，來指示精準的飛行路線。此時，同樣不能光憑駕駛員的判斷任意地變更飛行路線。

←直升機在飛行場時，也是在管制
　塔臺的許可下進行飛行。位於管
　制塔臺內的航空管制員，會以無
　線電與駕駛員聯絡。

↓直升機為了降落進入立川飛行
　場。雖然說是直升機，也必須在
　管制塔臺指示下，依規定的方向
　朝跑道降落才行。此時的進入速
　度為73節（約131km/hr）。

4-19 為了飛行安全的規則❷
～直升機之間安全飛行的方法

　　在直升機場並沒有航空管制員，駕駛員要以目視來判斷周圍是否有其他航空器，然後開始下降與著陸。此時駕駛的全部責任都在駕駛員身上。當有多架直升機正在飛行時，駕駛員之間就會以無線電通信，來互相協調由誰先降落等事宜。雖然不是管制員，但有的直升機場在地面上會有支援人員，以無線電來告知風向與風速等飛行時的必要資訊，像「東京直升機場」便是如此。

　　直升機可以自由自在地遨翔於低高度，因此駕駛員對於周邊空域的監視不能有片刻疏忽。雖說直升機速度比飛機要慢，但彼此都是以150～200km/hr在飛行。2機在相對狀態下飛行時是很難發現的，發現後在幾秒內便會通過眼前。因此，如果是以正面接近，彼此都要將前進方向變更成向右。如果從側面有其他直升機接近，規則是在右邊看得到對方的一方要讓行。而如果直升機場有2機同時要進入降落，則由高度低者優先。而要超越其他直升機時，必須從右方超越。只要遵守這些規則就能夠避免撞機的危險。

　　在新聞採訪的現場，往往會聚集許多報社與電視台的直升機。此時，所有的直升機要在現場上空以右迴旋飛行為原則。此外，除了操縱的駕駛員外也會搭載其他駕駛員或維修人員來監視周遭，注意是否有其他直升機在靠近。

➡ 直升機的飛行規則

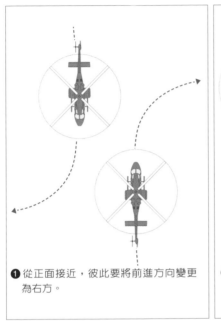

❶ 從正面接近，彼此要將前進方向變更為右方。

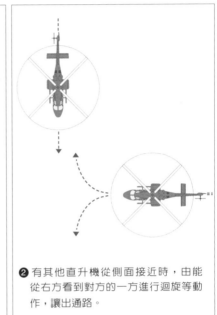

❷ 有其他直升機從側面接近時，由能從右方看到對方的一方進行迴旋等動作，讓出通路。

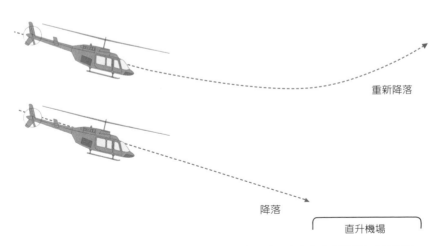

重新降落

降落

直升機場

❸ 如果直升機場有2機同時要進入降落，由高度低者優先，高度高者在確認安全後再重新進入降落。

4-20 直升機的操縱資格
～分為自用與營業用

　　直升機的操縱資格（執照）分為數個等級，這裡要介紹的是成為職業駕駛員的一般步驟。

　　首先，取得「自家用（私人）迴轉翼操縱士」的執照。這項執照就算是完全沒有操縱過直升機的人，只要進行規定的手續接受訓練之後就能取得。取得所需的經費也是一般社會人士可以用存款支付的金額（在日本約為700萬日圓），訓練所需時間約為3～6個月左右。所謂的自用，就像是汽車的「第一種駕照（自用駕照）」。雖然不能像計程車一樣載客收取報酬，但若是以休閒或商務用途來操縱直升機，免費地搭載朋友或同伴則完全沒有任何問題。這項資格就像3-01所記載的「陸上單引擎渦輪」一樣，有等級劃分。

　　職業駕駛員需要取得「營業用（商務）迴轉翼操縱士」的執照。就像汽車的「第二種駕照（職業駕照）」，能夠以營業為目的來飛行，是想要在航空公司工作時所必須的執照。然而，營業用駕照的取得難度高，需要更多的訓練期間與經費。

　　此外，自用的駕照，如果是以單引擎直升機所取得的，就只能操縱1具引擎的直升機。之後，就算取得了營業用駕照也是一樣，如果要操縱雙引擎直升機（2具引擎），就必須要取得「多發」的駕照。甚至系統更複雜的中、大型直升機，有時還會需要取得各種機種的「型式限定」駕照。

日本職業駕駛員所擁有的最低限度必要資格

JCAB營業用操縱士技能證明（※）
航空無線電通信士（又或航空特殊無線電技士）
第1種航空身體檢查證明

※（例）迴轉翼操縱士 陸上渦輪多發 塞考斯基式S-76（限定）

取得直升機營業用操縱士所必須之飛行經歷

年齡	18歲以上
飛行時間	150小時以上
機長時間	35小時以上
野外飛行	擔任機長10小時以上。在距離出發地點300公里以上的飛行中，中間進行2次以上的陌生地點降落（非模擬降落，而是實際降落）。
夜間飛行	5小時以上。包含擔任機長的5次起降落。
儀表飛行	10小時以上

需要型式限定資格的直升機（日本的國土交通省所規定者）

貝爾直升機公司	Bell 204, Bell 222, Bell 212, Bell 214, Bell 230, Bell 412, Bell 430
塞考斯基飛機公司	S-76
歐洲直升機公司	SA330,AS332,AS365,EC155,EC225
奧古斯塔魏斯蘭公司	EH101,AW139
川崎重工業	BK117
卡莫夫設計局	ka-32

成為直升機的駕駛員或維修人員

進行直升機營運的航空公司，錄取完全沒有任何1張操縱執照的人作爲後備駕駛員的情形，目前幾乎已經看不見。取得操縱執照需要耗費龐大的成本，因此公司本身並沒有從零開始培育人才的充裕資金。

因此，想要成爲駕駛員的人，目前大多數人是自費考取「營業用操縱士」執照之後才前往應徵。

先就業後再成爲駕駛員的方法之一，是進入自衛隊。甄選是道難關，但入隊以後如果有意願的話，便有機會成爲直升機駕駛員。也有人從自衛隊退休後轉換跑道到民間航空公司，但也有駕照種類不同的情況，這時候就要在民間公司接受再訓練。

直升機的維修人員是更爲特殊的職業類別。有培育2等航空維修人員的專門學校，因此自費學得技術以後再就職是最常見的方法。

←陸上自衛隊的直升機駕駛員。是有志成爲駕駛員的年輕人可以選擇的道路。

第 **5** 章

直升機的構造

構成直升機的零件，包含引擎、主旋翼、尾旋翼等
重要元件，複雜而多樣化。
第本章中，將解說直升機是由什麼零件所構成的。

引擎
～渦輪引擎的特徵

　　直升機的引擎可分爲活塞式引擎（往復式引擎）與渦輪引擎（噴射引擎）兩種。將在此針對逐漸成爲現今直升機主流的渦輪引擎之特徵與構造做更詳細的說明。

渦輪引擎的特徵

- 儘管小型且質輕，但出力（馬力）大。
  與同重量的活塞式引擎相比，
  可得到3～6倍的出力。
- 渦輪的構造簡單，維護性佳
  （壽命長，分解檢查的間隔時間也久）。
- 沒有活塞式引擎般的往復機關，
  只有迴轉運動因此震動較少。
- 引擎啓動中停止的情況較少，可靠性高
  （活塞式引擎與汽車一樣有熄火的可能）。
- 潤滑油（機油）的消耗量少。
- 所使用的材料考量到強度等的問題所以非常昂貴。
- 空氣流量大因此有必要注意防止吸進異物。

　　4～6人座的小型直升機需要250～800左右的馬力；5～10人座的中型直升機則需要500～1,500馬力；更大型的直升機則需要裝備一具或二具1,500～4,000馬力左右的引擎。裝備2具的話出力會變成2倍，即使一邊故障而停止，另一邊的引擎也能夠維持旋翼的轉動，所以可以提高安全性。發生狀況時，將能夠使用比平常出力更高的緊急出力。另外，正確的引擎出力表示單位是用軸馬力（shp；shaft horsepower）。

➡ 直升機用渦輪引擎的構造

❶ 吸入空氣。　　　❷ 壓縮機（迴轉的軸流式與　　❸ 燃燒室（combustion
　　　　　　　　　　　離心式壓縮機）。　　　　　　chamber）。

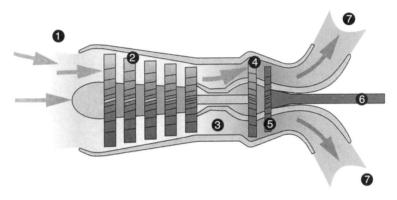

❹ 壓縮渦輪（N1）。又　❺ 動力渦輪　　❻ 以高速迴轉的出　❼ 排氣。
　稱之為燃氣製造渦輪或　　（N2），又被稱　　力軸（透過傳動
　高壓渦輪。　　　　　　　做自由渦輪或出　　裝置轉動主旋翼
　　　　　　　　　　　　　力渦輪。　　　　　與尾旋翼）。

概分為3階段的動作

❶ 在壓縮機將由前方流入的空器壓縮成高壓。
　（壓縮成約標準大氣壓力的8倍以上）

❷ 在燃燒室將燃料以霧狀噴射在壓縮過的空氣中，製造高溫・高壓的燃氣。

❸ 此高溫・高壓的燃氣一開始會以高速被吹進高壓渦輪，高壓渦輪會產生迴轉力
　轉動前方的壓縮機。之後，燃氣的溫度與壓力會下降，但剩餘的燃氣會被吹進
　動力渦輪，轉動連結軸，這將會成為「引擎出力」。此動力傳達至傳動裝置，
　驅動主旋翼與尾旋翼。剩下的高溫・高壓燃氣會從排氣孔排出。

註：壓縮渦輪除了壓縮機外，還會驅動／整合器、燃料幫浦。
註：小型渦輪引擎的壓縮機也有僅有離心式壓縮機的。

5-02 引擎的高科技裝置
～FADEC

　　近年所製造的大多數直升機在引擎上有導入高科技裝置，即所謂的「FADEC」（全權數位式發動機控制系統），能夠在引擎啟動中的各種狀態下（空轉、起降落、懸停及巡航時），以電腦自動進行燃料流量與出力等的調整，與主旋翼迴轉數的控制。

　　FADEC的目的在於，發揮最大極限性能的同時，並隨時保持高效率運轉。藉此，不僅能提升燃油經濟性，也不需依飛行狀況手動進行引擎控制，可以大幅減輕駕駛員的負擔。另外，過去也曾有因為駕駛員錯誤的操作引擎，而發生重大事故，所以可以減少這樣的危險，永遠維持在安全的狀態。也可以減少超荷運轉所造成的零件故障，有助於延長引擎壽命。

　　裝備FADEC的直升機，引擎的啟動相當簡單。只要坐上駕駛座轉一下旋鈕，引擎就會安定地迴轉到可以起飛的狀態。過去的直升機一旦引擎停止，在渦輪溫度下降前是無法再次啟動，但現在不用再擔心這樣的熱啟動了。因此就算降落之後，很快地又要再起飛時，也不用再猶豫著要不要暫時關閉引擎。急救直升機所使用的機體，全都配備有FADEC。

　　最暢銷的直升機，歐洲直升機公司「AS350」系列以及最新的「AS350B3」也全都已裝備了FADEC。

旋鈕

↑裝備有2具引擎機體的FADEC。配置在駕駛座中央，駕駛員只要轉動旋鈕，就
　會全自動地啟動或關閉引擎。左右兩邊的引擎可以分別操作，因此配備了2個旋
　鈕。照片為MD直升機公司「MD902」的駕駛艙。

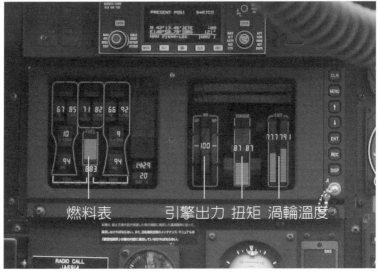

燃料表　　　　引擎出力 扭矩 渦輪溫度

↑裝備了FADEC的直升機，基本上與引擎相關的儀表也會以數位化顯示。照片為
　MD直升機公司「MD902」駕駛艙的儀表，以條狀圖表一目瞭然地顯示出引擎出
　力（迴轉數）、扭矩、渦輪溫度等數值。

※FADEC＝Full Authority Digital Engine Control
通常主旋翼的引擎為固定的，但裝備了FADEC的直升機能在巡航時降低旋翼迴轉
數，具有降低噪音、提升燃油經濟性的功能。

5-03 傳動裝置

～將引擎出力轉換成旋翼的迴轉

　　引擎所製造的動力（迴轉）並無法直接運用在旋翼上，這是因爲引擎的迴轉相當高速，但旋翼並不需要如此高速的迴轉。因此在引擎與旋翼之間會插入「動力傳達裝置」（transmission）。就像汽車的齒輪一樣，利用齒輪降低軸的迴轉數後再將動力傳達到旋翼。這點不管是活塞式或渦輪直升機都是相同的。

　　以活塞式直升機爲例，相對於活塞式引擎迴轉數100％爲2,550rpm（怠速時55％，1,500rpm），旋翼迴轉數爲510rpm。也就是減速比爲5:1。

　　相較於此，渦輪引擎更是以超高速在迴轉。N1迴轉數約50,000rpm，N2迴轉數約33,000rpm，在引擎內部也會進行減速，到了出力軸則降爲6,600rpm。而經由傳動裝置後，還會下降到旋翼迴轉數的300～500rpm，是比起活塞式引擎減速比還要更大的構造。此外，引擎通常會橫向裝設在機體上部，因此最初的傳動軸（shaft）會是水平方向。將此透過齒輪轉換成垂直方向，並將動力傳達至主旋翼，也是傳動裝置的功能之一。

　　經由傳達裝置的部分動力，會透過其他軸被分配到尾旋翼。雖然這項裝置隱藏在尾旋翼中無法從外部看到，但裡面有長軸連結到後方。尾旋翼迴轉比主旋翼要更快，因此會透過裝於尾旋翼連結處的變速箱再次調整迴轉數。

➡ 傳動裝置的功能

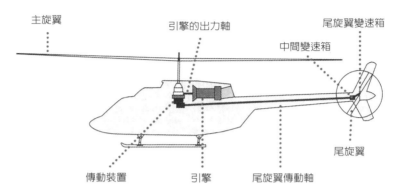

主旋翼　　　引擎的出力軸　　　尾旋翼變速箱

中間變速箱

尾旋翼

傳動裝置　　　引擎　　　尾旋翼傳動軸

↑ 直升機的傳動裝置，是為了將引擎的驅動力傳達到主旋翼、尾旋翼的齒輪裝置，為動力傳達系統的重要元件之一。川崎重工業「BK117」中，左右引擎迴轉數為6,000rpm，主旋翼迴轉數為533rpm，尾旋翼迴轉數為2,169rpm。

↑ 直升機用的渦輪軸引擎，生產製造超過30年的Lycoming T53系列。搭載於貝爾直升機公司「Bell 204」、「Bell AH-1S」等機種。T53-L-703具有最大出力1,500shp（緊急出力1,800shp）的性能。　　照片提供：霍尼威爾航空航太公司

※N1迴轉數=第一階段的渦輪，轉動壓縮機的壓縮渦輪。

※N2迴轉數=第2階段的渦輪，產生引擎出力的動力渦輪（請參考5-01）。

※rpm=revolution per minute（每分鐘迴轉數）。

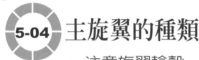

5-04 主旋翼的種類
〜注意旋翼輪轂

　　所謂的種類，是指主旋翼是如何被安裝的。主旋翼是直升機的翅膀，所以是最為重要的裝備。而且因為主旋翼是以引擎的力量不斷迴轉的裝置，該如何連結出力軸與旋翼，與多片旋翼是如何組合，都必須經過仔細的設計。設計太過複雜維護上會很辛苦，也容易出現故障；但太過於簡單性能不佳，也無法安裝多片的旋翼，噪音也會變大。

　　對直升機稍有了解的人，常會注意著旋翼輪轂。因為他們會對於旋翼接續根部的軸這一部分是怎樣的結構，有著相當濃厚的興趣。主旋翼並不只是迴轉而已，改變葉片螺旋角（請參考4-03）的構造與使旋翼迴轉面（旋翼圓盤）傾斜的構造，都必須要一起安裝在軸上才行。這個系統是光想像就會讓人覺得相當複雜。而且，要如何將其設計成簡單而高效率，就是直升機製造商大展身手的時候了。零件件數愈少，維護成本（維持費）也就愈便宜，因而能夠成為對使用者具有吸引力的「暢銷」直升機。

　　在現代直升機中，擁有3片以上葉片的機體，大多數採用「全關節型」的形式。此外，擁有2片葉片的機體則幾乎都是「半關節型」，結構相當簡單。另外，裝有「無關節型」旋翼輪轂的直升機，雖然設計複雜，但強度強，操縱性佳。

➡ 主旋翼的構造與運動方式（左迴轉的情況）

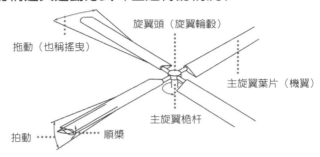

旋翼頭（旋翼輪轂）

拖動（也稱搖曳）

主旋翼葉片（機翼）

主旋翼桅杆

拍動 ⋯⋯ 順槳

↑ 使主旋翼迴轉，一定會產生拖動（葉片迴轉面內的前後運動）、拍動（葉片的上下運動）、順槳（改變葉片螺旋角的運動）等3種運動，因此必須得要是能夠承受該負擔的結構。

全關節型（tully articulated型）
葉片每一片獨立進行拍動、拖動、順槳。
歐洲直升機公司「AS350」、塞考斯基直升機公司「SH-60K」、奧古斯塔魏斯蘭公司「A109」等採用。

半關節型（semi-rigid型）
2片葉片在中心相連，如蹺蹺板一般，當一邊葉片下降時，另一邊會上升，因此拍動會同朝時反方向進行。順槳也是同時進行。幾乎不會進行拖動。
貝爾直升機公司「Bell 206」、「Bell 212」、羅賓遜直升機公司「Robinson R-22」等採用。

無關節型（固定型/rigid型）
不會進行拍動、拖動。只會進行順槳運動。
MBB「Bo 105」、川崎重工業「BK117」等採用。

無軸承型（hingeless 型）
利用複合材料的彈性，所製造能夠承受各種運動的新型旋翼輪轂。類似於無關節型，但採用無樞軸的設計。
MD直升機公司「MD902」、歐洲直升機公司「EC135」、川崎重工業「OH-1」等採用。

←塞考斯基直升機公司「SH-60K」的主旋翼輪轂。是極為複雜的構造。

5-05 主旋翼的「圓錐形」
～取得離心力與升力的平衡

　　主旋翼的直徑（迴轉面的直徑），會隨機種而有所不同。由於這關係到升力的大小，若是大型直升機自然也就需要加大。

　　小型直升機約為直徑10公尺左右。雖然還必須加上旋翼輪轂的尺寸，但單純地來想，一片葉片的長度大概會是在5公尺左右。這與小型飛機主翼長約略相等，此外，中型直升機約為直徑12～15公尺左右，大型直升機則會是15～20公尺左右。

　　當主旋翼迴轉時，螺旋角會上升而產生升力，此點在前面已經提到過。此時葉片上會有水平方向拉扯的離心力（揮動物體時，將其拋飛出去的力量）與垂直產生的升力兩種力量合。

　　旋翼迴轉前，因本身重量而下垂的葉片在迴轉後會因這些力量的作用而向上折起。旋翼迴轉數維持一定，在地面準備起飛時，只會有離心力的作用，葉片會約略呈水平的一直線。而拉起總距桿使螺旋角變大（產生升力）進行懸停，葉片就會從水平狀態向上折起。這種現象被稱為「圓錐形（coning）」（形成圓錐形的面／變成圓錐狀態）。

　　圓錐形是旋翼葉片拍動（請參考5-04）下所產生的。藉由旋翼輪轂能讓拍動富有彈性，但如果圓錐形的角度超過極限，葉片的強度將會無法承受而有破損的可能。

➡ 升力與離心力所形成的圓錐形

↑合力所形成的角度若是一般的圓錐角就沒問題，但飛行中旋翼迴轉數下降會使離心力減弱，使離心力與升力的平衡瓦解，使得葉片過度折起（圓錐角過大），造成葉片破損。

↑主旋翼沒有迴轉時，葉片（機翼）因本身重量而下垂著。照片為羅賓遜直升機公司「Robinson R-22」。

←直升機上浮的話，葉片上除了離心力還會有升力產上，葉片向上拍動，形成逆圓錐的形狀（圓錐形）。照片為米爾設計局「Mi-26」。

照片提供：五十嵐榮二

5-06 主旋翼的後退翼失速
～左右邊升力產生差異

飛機如果不以一定速度在空中飛行,就無法取得升力而失速。陷入失速狀態是非常危險的,如果不能回復,此時就會造成墜落事故。而直升機也會有失速的情形,失速並非單純地是指旋翼的迴轉數下降,得不到升力。

或許有點難懂,但就算旋翼維持一定迴轉數,距離輪轂(軸)的距離不同,旋翼碰撞空氣的速度也會有所差異。在2枚葉片的情況,兩葉片前端的速度相同,約為640km/hr的高速。此速度在距離輪轂愈遠處就愈快,愈靠近輪轂就愈慢。

也就是說,就像右頁下圖,一般從上方來看左迴轉的旋翼,右半邊正以高速向前方移動著(由正後方至正前方的右側180度稱為前進翼),左半邊正以高速向後方移動著(由正前方至正後方的左側180度稱為後退翼)。

直升機在前進飛行時,會有個複雜的公式,右半邊為旋翼速度加上前進飛行的速度,左半邊則減去同樣的速度。這代表著右方90度(3點鐘方向)時相對風速度最大,左90度(9點鐘方向)最小,左右呈現不對稱的狀態。由於相對風速不同,比起後退翼,前進翼側有較大的升力產生。因此,持續提升飛行速度會使後退翼側減速幅度增加,最後後退翼側的左方90度以下(9～6點鐘位置)將會失速,導致升力平衡崩解,變得無法正常飛行。

➡ 主旋翼的迴轉面（旋翼圓盤）

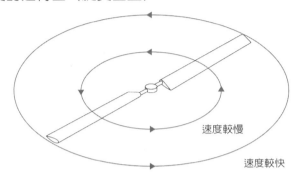

速度較慢

速度較快

↑葉片（機翼）的前端與內側，移動速度會不同。一般直升機，主旋翼為左迴轉。

無風狀態下懸停時
碰觸到葉片前端的相對風

❶ 前進翼的範圍
❷ 640km/hr（升力固定）
❸ 後退翼的範圍
❹ 640km/hr（升力固定）

以時速200公里前進飛行時
碰觸到葉片前端的相對風

❶ 前進翼的範圍
❷ 640km/hr+200km/hr=840km/hr（升力大）
❸ 後退翼的範圍
❹ 640km/hr-200km/hr=440km/hr（升力小）
❺ 失速範圍

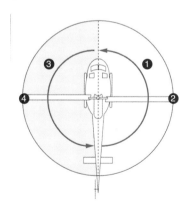

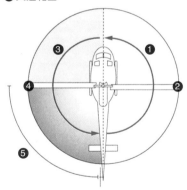

↑前進飛行時主旋翼葉片的左右側會產生極大的相對速度差異（升力不均）。繼續下去，機體會向後退翼側翻轉，只要使葉片拍動、順槳（請參考5-04）便能加以修正。然而，如果超越極限的話，後退翼側的左90度以下的部分（9～6點鐘方向）會失速。直升機無法以高速飛行，事實上原因就在於後退翼失速上。為此也設定了速度上限（請參考6-01）。

5-07 尾旋翼的種類
～傳統型與導風扇

被稱為「傳統型」的一般尾旋翼，是一種在尾管的前端裝設縱向小型旋翼的方式，旋翼葉片有從2片到5片。主旋翼為左迴轉的直升機，以裝設在左側為主流。若裝設在右側，尾旋翼（橫向）的下降氣流將會撞到「垂直平衡翼」（vertical stabilizer），因此會產生少許反向推力。此外，尾旋翼雖然任一方迴轉方向皆可，但當受到主旋翼下降氣流的影響，機體後部的氣流也會跟著改變，因此以靠近主旋翼側向上迴轉的方式，通常認為效率較佳。

另一種類型是由法國的法國航太所率先採用，被稱為「導風扇」（fenestron）的尾旋翼。將尾旋翼安裝在垂直平衡翼中，來減少在地上時發生將人或物捲入事故的可能性，是劃時代的新系統。最先應用的渦輪直升機是「Alouette II」，將其更進一步發展後裝設在Gazelle軍用直升機上，這也驗證了其性能之優越。之後，除了「Alouette II」所代表的法國製直升機外，歐洲直升機公司「EC120」、「EC130」及「EC135」也都採用了此系統。此外，近年日本所研發的「OH-1」觀測直升機，以及世界幾個製造商也都採用了導風扇式的尾旋翼。在內部迴轉的風扇是由8～18片左右的葉片（機翼）所構成，同樣也具有變更螺旋角、改變推力的功能。

↑ 主旋翼為左迴轉的直升機，尾旋翼裝在右側的是牽引式（tractor），裝設在左側的是推進式（pusher）。照片為推進式，從這個方向來看，是採取向右迴轉的方式（靠近主旋翼側向上迴轉）。照片為奧古斯塔魏斯蘭公司「A109C」。

↑ 導風扇是透過轉動裝設在圓筒型導管（短艙）中的螺旋槳狀風扇產生推力。葉片（機翼）直徑小，因此比起過去的尾旋翼片數要更多，能以更高速迴轉。「Fenestron」是法國航太的商標名稱。照片為歐洲直升機公司「AS365N2」，葉片數為11片。此機體的主旋翼為右迴轉，所以尾旋翼的推力會排向左側。

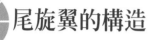

5-08 尾旋翼的構造
～與主旋翼幾乎相同

　　我們也來看看尾旋翼的安裝方法吧！跟主旋翼一樣，都有輪轂（軸），每片葉片同樣也會進行順槳、拖動、拍動的運動。簡單來說，就是一種將主旋翼縮小後垂直安裝的構造。然而，由於主旋翼（旋翼圓盤）並不會移動，所以只能改變葉片的螺旋角。要改變葉片的螺旋角（推力的增減），必須透過腳踏板來進行，加大螺旋角，橫向推力就會增加，將更能抵抗主旋翼所產生的扭矩。通常，螺旋角可以從中間的位置向前後移動達最大30度。

　　小、中型直升機以採用2片葉片的機種居多，因此採用的是半關節型（蹺蹺板型）的構造。擁有3片以上葉片的中、大型直升機，則適用全關節型的旋翼輪轂。尾旋翼的迴轉數為2,000rpm左右，速度比主旋翼迴轉數要快上近4倍的高速。為了變更螺旋角，有從腳踏板以機械式連結的「操縱索」（push-pull rod）穿過尾管的內部。

　　另外，一般的尾旋翼都是安裝成垂直於地面的，但塞考斯基飛機公司「UH-60/SH-60」系列與「CH-53」系列的直升機則是設置成傾斜20度，稱為「傾斜尾旋翼」（canted tail rotor），所產生的部分推力能夠用於使機體上升的升力。也就是說，具有增加主旋翼所產生的升力之效果。

↑組合2組蹺蹺板型（2葉片）旋翼，特殊類型的4葉片尾旋翼。照片為波音「AH-64D Apache Longbow」。

向上傾斜20度

↑尾旋翼向上傾斜20度的傾斜尾旋翼。照片為塞考斯基飛機公司「SH-60」系列的改良型「HH-60H Ocean Hawk」。　　　　　照片提供：U.S. Navy

5-09 兩種類型的著陸裝置
～滑撬式與車輪式

　　看過各種直升機照片之後，讀者應該馬上就會發現到，直升機著陸時所用的腳有「滑撬」（skid）式與「車輪」（gear）式等兩種類。skid原本是煞車的意思，在直升機中則被拿來指滑撬般的降落裝置。

　　大多數小、中型直升機都是採用滑撬式。以鋁等材質製造，有著便宜、質輕、不太需要維護等優點。然而，強度有其限度，所以無法使用在大型直升機上。

　　另一方面，中、大型直升機則採用車輪（gear）式。可以適應大多數的地面，在凹凸不平的地方也能輕易著陸，因此即使重量不大的軍用直升機機型也有採用車輪式的。然而，若採用車輪式，零件件數比滑撬式來得多、也需要更換輪胎等，在維護作業上會變得較為辛苦。

　　車輪通常為3件，前輪1個加主輪2個，又或以主輪2個加後輪1個的組合來配置。車輪有固定式與起飛後可以收納起來的兩種類型。收納型在巡航飛行時會少了車輪的阻力，能以更高速飛行。然而，讓車輪上升、下降的裝置不僅更為複雜，也有著陸時車輪無法落下的故障風險。

　　此外，車輪式可以在地面上從停機場移動到起飛位置，但滑撬式則只能在懸停狀態下飛行，無法在飛行場內移動。

↑ 小型、輕量直升機以滑撬式居多。照片為奧古斯塔魏斯蘭公司「A119 Koala」。
照片提供：奧古斯塔魏斯蘭公司

↑ 軍中的大型直升機有車輪式的降落裝置。車輪式又分為收納式與固定式兩種。照片為飛行中可收納車輪的英國海軍「Marine」海洋直升機。
照片提供：奧古斯塔魏斯蘭公司

5-10 活塞式直升機駕駛艙
～駕駛座的配置與基本的儀表

　　想成爲直升機駕駛員的人，在訓練中最先搭乘的機體爲以「Robinson R-22」所代表的活塞式直升機。駕駛座的配置相當樸素，要一一記住每項機能並不是什麼太困難的事，可說是相當適合初學者。

　　小型與大型直升機之間，基本的飛行儀表並沒有什麼差異，但活塞式直升機在引擎相關的儀表會有所不同，測量引擎出力的儀表爲「進氣壓力表」（manifold pressure），此外，除了「汽缸蓋溫度計」，還附有調節空器與燃料混合比例的「混合氣控制器」（mixture control）（右圖中⓳詢答機下方附有混合氣控制器的手把），是活塞式直升機獨有的裝備。

　　一般的直升機在搭載2名駕駛員的情況下，右方座位爲機長，左方座位則是副駕駛（在一人駕駛的情況下則使用右方座位）。飛機是以左方座位爲機長席，所以剛好相反。直升機爲了看清左右視野而將儀表板設置於中央，而由於要右手握駕駛桿，左手握總距桿，所以右方座位會比較好操作。

　　然而，其中也有機種是以左方座位來操縱的。米爾設計局與卡莫夫設計局所研發的俄羅斯直升機，全都是以左方座位爲機長席，駕駛座的配置也有所不同。此外，歐美製直升機中，也有最前列配置了3席的機種（例如歐洲直升機公司「EC1200」、施瓦澤飛機公司「300C」等），其中將駕駛座設計成在最左方的座位。因爲如果不這樣設計，總距桿會變得相當礙事，前列也無法擁有配置3席的寬度。

➡ 羅賓遜直升機公司「R-44 Clipper」的駕駛艙

單引擎活塞式直升機

❶ 引擎／旋翼轉速表
❷ 空速表
❸ 姿態儀（AI）
❹ 氣壓高度表
❺ 傾斜轉彎指示器（Turn Coordinator）
❻ 進氣壓力表（Manifold Pressure）
❼ VOR（無線標識）導航指示器
❽ 陀螺方向儀（DG）
❾ 升降率檢測器
❿ 化油器空氣溫度計

⓫ 時鐘
⓬ 電流表／機油壓力表
⓭ 副油箱燃料表/機油溫度計
⓮ 燃料表／汽缸蓋溫度計
⓯ 各種警示、警報燈
⓰ 離合器執行器開關
⓱ 點火開關
⓲ 無線電
⓳ 詢答機

活塞式引擎直升機中裝備有離合器。這是因為如果啟動引擎時，讓有重量的主旋翼直接迴轉會造成相當大的負擔。所以會等引擎迴轉達一定程度後，透過離合器將旋翼與引擎連結來轉動旋翼。

※ 混合氣控制器在飛行中如果操作錯誤，會造成相當嚴重的後果，因此被配置在不容易碰觸到的位置。

除了訓練機、自用機以外，絕大多數的直升機都配備有渦輪軸引擎，而檢測引擎出力的儀表則使用「扭矩計」。這是用百分比來顯示，與活塞式直升機的進氣壓力表完全不同。引擎轉速表中「N1表（壓縮渦輪）」與「N2表（動力渦輪）」是分開的，這是渦輪引擎才有的儀表。N2表與主旋翼直接連結，所以與「NR表」（主旋翼轉速表）一起顯示。

調節引擎出力的節流閥，在美國貝爾等直升機裡是附在駕駛員左手握的總距桿上，飛行中引擎出力是由引擎調速器來自動控制，並不需要有握把。因此，歐洲直升機公司與塞考斯基飛機公司所製造的大型直升機中，頭頂面板附有節流閥拉柄，除了在地上啟動、關閉引擎時，又或緊急狀況外並不需要去碰觸所作的設計。引擎有2具的直升機，節流閥會有2個，引擎相關的儀表也會各有2個，搭載3具引擎的奧古斯塔魏斯蘭公司「AW101」或塞考斯基飛機公司「CH-53E」則各有3個。

基本的飛行儀表，除了與引擎相關的部分，活塞式直升機與渦輪直升機幾乎沒有什麼差異。不過，渦輪直升機的引擎動力大，可承載更重的機體重量，因此裝備了完善的導航裝置與無線電收發器。依機體的用途，駕駛座所裝配的機器也會有所不同。

➡ 奧古斯塔魏斯蘭公司「A119 Koala」的駕駛座

單引擎渦輪直升機

❶ 基本的飛行儀表（類比式、從右上縱向）高度表、升降表、時鐘、姿勢指示器、方位指示器、電波高度表、速度表、轉速表

❷ 電子化引擎相關儀表。上方的畫面中顯示N1表、N/NR表、扭矩計、渦輪溫度計，下方的畫面則顯示機油壓力／溫度計、燃料表、油壓表、電流表等

❸ GPS、無線電、導航裝置、詢答機等電子儀器

❹ 聲音（Audio）控制裝置、自動駕駛裝置、燃料控制裝置

❺ 指南針

❻ 週期變距操縱桿

❼ 機長席

❽ 腳踏板

❾ 總距操縱桿

❿ 節流閥

⓫ 副駕駛座

※小型渦輪直升機的儀表板較為簡單。最近的機體大多已將部分儀表電子化。

照片提供：奧古斯塔魏斯蘭公司

5-12 渦輪直升機的駕駛艙❷
～中、大型直升機

機體愈大，駕駛艙的儀表、裝置也會隨之增加。駕駛艙裡塞滿了眾多的開關與儀表，簡直就像是客機駕駛艙一樣，或許會讓人大吃一驚，但至於會覺得「好豪華」還是會想說「好複雜」，可能就見仁見智了吧！

高級直升機搭載了各種飛航機器與許多安全所需的裝置。尤其是雙引擎直升機（搭載2具引擎），每一具引擎的控制裝置與引擎儀表都需要分開，因此駕駛會變得相當複雜。

雖然說有許多機器，但飛行中也絕非要隨時進行操作，也不可能同時操作所有機器，因此就算只有1位駕駛員，也能夠順利地操作。不過，駕駛員也有無法鬆開操縱桿（駕駛桿與總距桿）的情況，所以最好也能搭載副駕駛，協助必要時的機器操作，如此能讓飛行變得更順遂。在自衛隊與海上保安廳規定，當出動中型直升機時一定要有2名駕駛，強調「組員協調」（crew coordination；分擔作業以減輕彼此負擔的能力）。

近年來直升機的駕駛艙已大幅電子化。也有許多機種已裝備了將飛行儀表與引擎儀表全部以液晶銀幕顯示的「數位化座艙」（glass cockpit）。除此之外，也有僅將引擎相關的表示，或是顯示高度、姿勢等飛行儀表以數位化顯示的，有著各式各樣的種類。

➡ 奧古斯塔魏斯蘭公司「AB412」的駕駛艙

雙引擎渦輪直升機

❶ 顯示高度、速度、姿勢等飛行儀表

❷ 引擎儀表。顯示內容可用旁邊所附
　 的功能鍵切換

❸ 備用類比儀表（由右為高度表、姿
　 態儀、速度表）

❹ 幾乎不用從駕駛桿移開手也能操縱
　 的各種功能鍵

❺ No.1引擎節流閥

❻ No.2引擎節流閥

❼ 燃料控制裝置、自動駕駛裝置、無
　 線電裝置、導航裝置

❽ 飛行管理系統（FMS）

移除大多數類比儀表，機體完全座艙數位化的例子。美國貝爾直升機公司所研發的
「Bell 412」，義大利的奧古斯塔魏斯蘭公司取得其製造授權後，搭載獨家儀表的
最新款式。最近的高級直升機中，TCAS（空中防撞裝置）又或TCAD（空中防撞
預警系統）也逐漸成為標準配備。　　　　　　　　　照片提供：奧古斯塔魏斯蘭公司

5-13 裝備多功能航空電子
～飛行所必須的電子儀器

　　航空器所裝備的電子儀器被稱做「航空電子」（avionics）。是由航空（aviation）加上電子（electronics）所組合而成的專業術語。雖然其他飛機也是一樣，但有些航空電子是直升機一定要裝備的。其中最具代表性的就是「無線電」。無線電是接受航空管制所絕對必須的設備，且能讓航空器駕駛員之間又或駕駛員與管制員間相互通信。許多機體含備用品在內會裝備2台。

　　另一個是被稱做「詢答機」的裝置，是為了能夠向地上的管制設施告知自機的位置。詢答機會隨時發送電波，讓地上的雷達能夠識別什麼機體在哪裡飛行著。此外，除了與導航裝置連動的「VOR（甚高頻全向信標）接收機」與「ILS（儀表著陸系統）」等，最近裝備了利用GPS的「地圖顯示裝置」（mapping system）的機體也逐漸增多。

　　不僅是如此，裝備了電子儀表（利用銀幕顯示的整合儀表），整個駕駛艙可以說就是一個航空電子。電源是從引擎供應，但如果沒有啟動引擎時，只要使用電池就能讓各項裝置的機能運作。

　　但是，直升機如果飛行時不盡量減輕重量，飛行性能就會下降。很早以前，光是一台無線電就非常重，但現在由於電子技術的進步，各項機器都變得小型輕量化，因此直升機也能夠裝備多功能的航空電子。

↑直升機用的電子飛行儀表。統合了類比儀表的機能後加以顯示，駕駛員不用再像
　過去一樣一一查看數個儀表，只要看這一個，就能夠掌握所有的飛行狀態。由
　於是液晶銀幕，機器變得輕量化，消耗電力也減少。然而為了不讓顯示系統關
　機，必須要有電源系統的預備方案。最近，導入了這樣儀表的直升機正在不斷
　增加，讓駕駛艙整體變成像是一個航空電子。　　　　　　　照片提供：Sandel

↑航空器用的GPS（位置顯示系統）。與車用導航系統相同，但是飛行在3次元空
　間，因此不光是位置，也能夠測量飛行速度與飛行高度。能夠與無線電、無線
　電導航裝置搭配使用，立即顯示出與目地飛行場間的距離、飛行路徑與到達時
　間。　　　　　　　　　　　　　　　　　　　　　　　　　　照片提供：Garmin

5-14 直升機的構造
～需要輕量化

　　直升機並不是個鐵塊。機體是用鋁等材質所建造再鋪上外板，內部除了搭載裝配品的場所外，有許多空洞的部分。尤其是關係到重心，所以尾管中除了操縱索與迴轉尾旋翼的軸外，幾乎什麼都沒有。外板的厚度與汽車差不多，機體稍微碰撞到，就會輕易地凹陷。

　　軍用直升機使用上會較激烈，所以建造得較為堅固，但小型民間直升機會被建造得較為簡單。Robinson R-22空機重量（光機體的重量）僅有374kg，注入燃料搭載2名乘客飛行的整機重量（搭載所有搭載物時的重量）為621kg。這比最近的超輕型車還要更輕吧！

　　為了提升飛行性能，輕量化是重要的課題，製造商已下了許多功夫在這方面。積極開發輕巧且堅固的材料，雖然使用複合材料的機體也不少，但這些材料的價格都不便宜。光以外框與外板所組成的機體被稱為「硬殼式構造」（monocoque），但中型以上的直升機，就需要組合外框、外板、縱樑來增加強度，大部分都是半硬殼式構造。

　　實用直升機剛誕生時的主流為骨架結構。即使到了現在也仍能在「Bell 47G」上看到其身影。尾管為骨架，能夠清楚地看到迴轉的軸。

←尾管為骨架結構的直升機,有種古典的氣息。能夠看見傳達引擎動力的軸在上側迴轉著。骨架結構中,幾乎未使用外板,藉由組合鋼管來建構機體。這些材料只要夠以熔接等方式結合就能完成機體,但其實容易生鏽,有著建造容易但維護不易的缺點,現在已經沒有製造這樣的直升機了。照片為奧古斯塔魏斯蘭公司「SA315B Lama」。

照片提供:五十嵐榮二

↑軍用直升機的製造是非常堅固的,因此機體沉重,搭載著出力大的引擎。為了能收納在狹小的空間或用飛機運送,主旋翼、尾旋翼、平衡翼等都是可以折疊的。然而,結構變得相當複雜,也不易維護。照片為塞考斯基飛機公司「SH-60B」反潛直升機。

照片提供:U.S. Navy

能進行空中加油的直升機

　　活動於世界各地的美軍，經過越戰的教訓後，開始利用直升機來進行空中加油。一邊飛行，一邊從載運燃料的運輸機接收補給。由於直升機是以低速飛行，所以無法與噴射機一起飛行。因此，進行空中加油所使用的運輸機是螺旋槳機。在空中垂下油管，在此接上燃料幫浦，簡直就像是特技表演一樣。雖然民間直升機是沒辦法模仿的，美軍則是在不斷地累積訓練與知識技能後，才具備了用此方法飛越幾千公里的距離來進行作戰的能力。

　　只要能夠補給燃料，事實上就已經消除了續航距離的限制。平常只能飛500公里的直升機，將能飛上5,000公里。但是，會有駕駛員的疲勞等其他問題發生，雖然不會有連續飛行數十小時的情況，但如果搭載了3名以上的駕駛員，就能夠在空中進行操縱人員的交替。

↑從美國空軍的「HC-130」救難運輸機接收空中加油的塞考斯基飛機公司「HH-60G」救難直升機 。

照片提供：U.S. Air Force

第 **6** 章

直升機的單純疑問

大家知道一般直升機的最高速度、
最大高度、續航距離等資訊嗎？
在第本章中，就要來解說這些令人在意，
關於直升機的單純疑問。
一定會讓人忍不住說出「原來如此！」

照片提供：奧古斯塔魏斯蘭公司

6-01 能以多快的速度飛行呢？
～速度的單位是「節」

　　速度，也就是飛行時的速度單位，在飛機的世界裡通常使用的是「節」。與船舶相同，1節（kt）＝1.85km/hr。視情況有時候也會使用1英里（mph）＝1.61km/hr。駕駛員所看的速度表，在部分機體上會同時標示著節與英里。

　　直升機最快的機種，速度可以達160節（300km/hr），就像新幹線那麼快。引擎出力小的直升機則較慢，大概為70節（130km/hr）左右。

　　標示直升機的速度性能時，「速度上限」（VNE）是相當重要的。這是考量到安全時所設定的，如果超過這個速度的話，機體構造上就無法承受。因此，要飛行速度超過上限，或許是能夠做到的，但駕駛員絕不會刻意地去這麼做。上升、巡航、下降等任何飛行狀況，都要一邊看著速度表並注意不超過速度上限，來調整引擎出力或加大下降角度。最大速度是由引擎出力與空氣動力的極限所決定，因此就算理論上能夠飛得更快，「實際的速度也會被限制在速度上限」，這樣的說法或許會比較貼切吧！

　　以速度上限被限定在100節（185km/hr）的直升機為例，在80節（150km/hr）左右時為燃油經濟性高的巡航速度。暫時以接近速度上限的90節左右飛行時也不會有問題。除此之外，非水平飛行而是下降或上升時，速度會變得更慢。

※本書為了讓讀者更容易理解，關於速度基本上都換算成km/hr表示。

↑ 速度表的例子。美國有許多人是用英里來計算時速（mph），所以就像這樣會有外側的刻度為節，內側的刻度以英里表示的儀表。130節為速度上限。

↑ 只以節表示的速度表。此測速器以150節為速度上限。由於是「空速表」，如果是在10節的迎風中飛行時，實際的速度（對地速度＝相對於地上的速度）要再減去10節加以換算。

↑ 裝備可收納腳架的直升機，擁有流線型的曲線，阻力少、速度性佳。照片為奧古斯塔魏斯蘭公司「AW109LUH」，速度上限為168節（311km/hr），巡航速度為154節（285km/hr）。此外，或許會有人以為在下降時，原來的飛行速度加上重力能夠有更快的速度，其實並非如此。就算是下降時也同樣不能超過速度上限，因此直升機並不會將機首朝下地高速下降，而是減慢速度地下降。

照片提供：奧古斯塔魏斯蘭公司

6-02 # 能夠巡航的高度是多少呢？

～通常是飛行在多高的高度呢？

　　大部分的情況下，直升機的飛行高度都比飛機還要低，具有能夠上下左右自由移動的靈活性，所以在低高度飛行時，就算遇到障礙物也能立即迴避，另一個理由則是飛行在低高度，起降便不需花太多時間。雖然飛機也能夠低空飛行，但速度比直升機快，因此要迴避障礙物時必須要儘早操作。低高度飛行的危險性高，而且在一定高度以上飛行燃油經濟性也佳。

　　不過，雖說是直升機，持續在接近地面的高度飛行也相當危險，操作稍有不當便有可能衝撞地面，因此，直升機就算要低空飛行，也要與地面維持一定的「間隔」（clearance），保

➡ 最低安全高度的規則（日本航空法的情況）

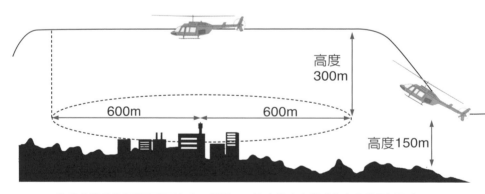

❶ 在人群或住家密集地區上空，以該航空器為中心，半徑600公尺範圍內最高障礙物的上端300公尺為其最低安全飛行高度。

❷ 在沒有人群或住家的地區以及寬廣水面之上空，與地上或水上的人、物保持150公尺以上距離的飛行高度。

持充足的高度飛行是最基本的。再者，在日本航空法中，有著不得於距地面150公尺（有些地方為300公尺）以下的高度飛行之規則，所以報導取材或遊覽飛行等想盡可能地飛低時為150~300公尺，在平原地區巡航飛行為300~600公尺，飛越山岳地區時會視需要提升高度，在1000~2000公尺的高度飛行。

　　直升機的高度表是透過氣壓來測量，所以原則上是以海拔0公尺為基準來表示高度。因此，就有必要事先調查機場的海拔高度與飛行路徑的地面高度。不同於高度表的表示，飛行時的對地高度（機體距離地面的高度）則是必須隨時以目視與計算來判斷。

※本書為了讓讀者容易了解，關於高度部分基本上以公尺來表示，但在航空器的世界裡，通常使用英尺（feet縮寫為ft）。1,000英尺約為300公尺（1fit=0.3048m）

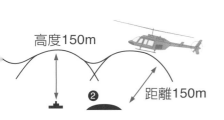

高度150m

❷

距離150m

↑高度表的數值是以英尺表示，照片顯示為120英尺（約36公尺）。為測量氣壓的高度表。飛行場的高度一般會比海拔要高，所以並不會顯示地面＝0的值。為了要測量從地面的絕對高度，也有直升機會裝備「電波高度表」。

6-03 能夠上升的高度爲多少呢？
～運用上限高度與最大懸停高度

　　直升機實際上的上限高度會依機種而定，但都是理論上的使用上限，眞正能上升到怎樣的高度，不實際操作是不會知道的。然而這有其危險性，就算是測試，駕駛員通常也不會去做，或許也沒有必要這麼做吧！

　　飛行上限，是製造商在實地進行飛行測試後，所證明出來能夠安全飛行的數值，大多數的渦輪直升機約爲6,000公尺左右。再往上升，引擎與旋翼葉片的效率就會大幅下降。有份報告記載，在喜馬拉雅山7,000公尺以上高度，駕駛俄羅斯製直升機「Mi-17」進行山岳活動時，在要更往高處攀升時主旋翼發生震動，駕駛員判斷已經到了極限。

　　不過，直升機並不像客機一樣，機內有增壓設備，因此要在那樣高度的地方飛行時，駕駛員與乘客都需要添加防寒裝備與配戴氧氣罩，不然就無法維持生命。

　　另外，直升機飛行可能的高度，與懸停可能高度是不同的。因爲懸停時，會比前進飛行時需要更大的升力。但是，在高海拔、空氣密度低的地方升力會下降，因此通常懸停的高度爲1,500～4,000公尺左右。不過，如果減輕機體重量（減少乘客、行李、燃料等），就能增加引擎出力的餘裕，就能在更高的高度進行懸停。再者，在預期會有地面效應的場所（IGE），就算高度再高也能夠進行懸停，但如果是在空中（地面效應外／OGE），最大懸停高度就會降低。

↑2005年5月14日，歐洲直升機公司的測試駕駛員以標準版「AS350B3 Ecureuil」，降落在標高8,850m（29,035 feet）的聖母峰山頂。照片為當時的畫面。此紀錄受到國際航空聯盟的認定。直升機搭載出力遠遠大於機體重量的引擎，懸停上限高度也高。

● **歐洲直升機AS350B3的性能**

引擎：Turbomeca Ariel 2B1（1具）
引擎最大出力：847shp
最大起飛重量：2,250kg
最大巡航速度：140節（259km/hr）
最大巡航距離：665km
一般飛行高度：16,550 feet
　　　　　　　（5,044m）

6-04 能飛多遠的距離呢？

～直升機的續航性能

　　直升機是將引擎出力直接轉換成轉動旋翼的運動來飛行的。要取得升力，就只能依靠引擎的出力。因此，比起同樣重量的飛機，燃油經濟性較差。而且，機體的起飛重量（機體大小）也有所限制，所以也不能搭載太多燃料。

　　以活塞式直升機來說，大概就像是以汽車排氣量6,000cc等級的引擎全速迴轉著。「Robinson R-22」燃料槽容量為75公升，燃料經濟性為5.4km/l，續航距離約350公里。小型渦輪直升機（雙引擎）的MD直升機公司「MD902」，燃料槽的容量為602公升，規格上的最大續航距離為608公里，最大續航時間約為3.3小時。

　　當然燃料經濟性會依所採取的飛行方式而有所差異。如果只是兩地間以較高的高度巡航飛行，能飛500公里以上，但如果進行長時間懸停等，需要引擎大量出力的飛行方式的話，續航性能就會降低。續航時間上，規格上為飛3小時，但實際上很少會進行長時間連續飛行。飛行1～2小時就算是長的了。在沒有自動操縱裝置的直升機，讓駕駛員1人持續握著駕駛桿，其體力也是有極限的。依照機種不同，也有直升機能夠搭載「副油箱」（輔助燃料槽），但如果不減輕乘客等其他重量，飛行性能就會下降。

※在航空器的世界裡，距離通常是以海里（nautical mile縮寫成nm）來表示（1 nm＝1.852公里），有時候也會用一般的英里（1mile＝1.6093公里）或公里（km）來表示。在本書中，基本上以km與nm來表示。

↑大型直升機，由於燃料槽容量大，可以進行長時間、長距離的飛行。有的機種在
飛行途中就算進行懸停也能夠維持3小時以上的續航。由於搭載著2名駕駛員，
只要進行交替駕駛，就能減少體力負擔。照片為塞考斯基飛機公司「S-92」。
照片提供：塞考斯基飛機公司

塞考斯基飛機公司「S-92」的性能

最大乘客數：19名
引擎：General Electric CT7-8A（2具）
引擎最大出力：3,000shpx2
最大起飛重量：12,800kg
巡航速度：151 節（280km/hr）
最大續航距離：1,482km
一般飛行高度：13,780 feet（4,200m）

6-05 裝有自動駕駛裝置嗎？
～也能自動進行懸停

　　直升機的高科技在各方面不斷地進步，幾乎所有的雙引擎渦輪直升機上，都已將「自動駕駛裝置」（autopilot）列爲標準配備了。

　　由於直升機的操縱並不簡單，一直操作駕駛桿，會耗費相當大的體力與集中力。爲了減輕駕駛員的負擔，尤其是在可以長時間飛行的直升機上，自動駕駛裝置是不可缺少的。在低高度上下左右飛行時，駕駛員可以手腳並用隨心所欲地操縱，而像是在要直線巡航飛行100公里的情況下，只要打開自動駕駛的開關，駕駛員就算把手離開駕駛桿也沒關係了。所謂的「覆載」（override）機能，被設計成會以駕駛員親自操縱的動作爲優先，當需要手動操縱時，只要移動駕駛桿即可。

　　自動駕駛裝置雖然有各式各樣的種類，但「3軸自動駕駛儀」就連歐洲直升機公司「EC135」與MD直升機公司「MD902」等小型直升機也都有配備的。這是可以控制roll、pitch、yaw的裝置（請參考4-02），要直線水平飛行就已經十分夠用了。高級直升機還會裝備「4軸自動駕駛儀」，在3軸外還加入了「總距桿控制（含引擎控制在內）」。也就是說，也能自動進行上升與下降。

　　此外，最近的高級直升機，已經能夠自動地進行穩定的懸停，也使用於事故現場上空進行救援行動時。

↑小型直升機也已裝備了自動駕駛裝置，讓駕駛員在巡航飛行中，手可以鬆開駕駛桿，減輕其負擔。照片為MD直升機公司「ND902」。

照片提供：奧古斯塔魏斯蘭公司

↑高性能直升機，自動駕駛也能進行懸停。加上「安定增強裝置」（SAS：Stability Augmentation System）頂級的，「自動駕駛裝置」（AFCS：Automatic Flight Control Systems）中，駕駛員還能選用姿勢維持模式或電波高度維持模式等。照片為奧古斯塔魏斯蘭公司的「AW101」。

6-06 噪音是從哪裡發出來的呢？

～跟以往相比噪音已經減少許多了

　　當有直升機飛過時，或許會有人覺得很吵。機外的噪音是從哪裡發出來的呢？主要是從主旋翼、尾旋翼、引擎與傳動裝置等4個地方發生。這些噪音混合在一起，會讓人聽起來覺得不舒服。很早以前的直升機，就算是馬力大的直升機也大多是2片主旋翼的機體，因此當旋翼轉動時就會傳出激烈的啪啦啪啦聲響，尤其是在起飛時加大旋翼的螺旋角，噪音會更大。最近的直升機採用的是4片、5片的旋翼，因此噪音比以前要小了。

　　尾旋翼所發出的噪音其實是很大的。法國的法國航太所率先研發出的導風扇型尾旋翼（fenestron），會發出風扇旋轉時的獨特高音，因此甚至從很遠的地方就能夠判斷出該機種來了。

　　直升機的引擎尺寸只有1～2公尺的大小，但內部有渦輪在高速地迴轉著，因此噪音會比想像中要來得大。當然，改善噪音的技術是日新月異的，與過去同樣馬力的直升機相比，現代機種噪音要遠遠地降低了許多。

　　另外，當然，直升機飛得愈低，起降時愈靠近人，就愈容易讓地上的人覺得吵。因此，應該要盡可能地避免飛過住家，或在都市地區時儘量飛在大型河川之上。尤其急救直升機，不僅會從醫院出發，也經常降落在有住戶的地區，因此有必要使用低噪音的機種。

←最近的中、大型直升機也在主旋翼葉片上下功夫，有助於降低噪音。此機種為奧古斯塔魏斯蘭公司「AW101」，葉片前端為特殊造型，被稱為「弧形槳尖（BERP；British Experimental Rotor Programme」）。藉由縮小葉片前端的厚度，來減輕衝擊波的構造。以複合材質製造。

©Eurocopter/ Jérome DEULIN

↑由法國航太所率先研發的導風扇式尾旋翼，有著高分貝的高頻噪音。近年來，「EC135」（照片）等所採用的導風扇，將葉片（機翼）以不等間距裝設，便是為了降低噪音。噪音的大小一般是以分貝（db）來表示，人類不舒服的感覺並非僅在於音量大小，與噪音音質的差異也有關係。直升機的聲音，每種機種的音質都各不相同。

6-07 爲何營運成本高昂呢？
～由於構造複雜使維護變得相當重要

　　直升機比起飛機營運成本來得更高，被視爲高級的交通工具。同樣裝備了活塞式引擎的4人座輕型飛機與4人座直升機相比，在營運成本上直升機約是飛機的2倍。

　　這並不單單只是直升機的燃油經濟性差，使用大量的燃料的緣故，而是因爲維護所耗費的成本非常地高。由於直升機有著極爲複雜的構造，特別是旋翼輪轂與傳動裝置等有著相當多的零件數，磨損也相當激烈，零件數約爲同樣重量飛機的3倍。

　　因此，爲了維持在安全的狀態，必須定期地進行更換零件的作業，一一檢查機體各部位的時間間隔也設定較短。這是爲了安全飛行所勢在必行的，因此必須在零件損壞前先行更換才行。維修需要委託專業技術人員，飛行50小時就要進行簡單的維護檢查，飛行100小時後，就有必要進行更加仔細的維護檢查。

　　每年會進行1次所謂的「適航檢查」維護作業。這就像是汽車的車檢一樣，委託負責進行適航檢查的指定業者，每具機體都必須取得「適航證明書」。會拆下各種零件做仔細的維護檢查，總共會花上約1個月的時間。

　　此外，直升機零件的壽命也相當短，引擎約1,500小時、傳動裝置爲3,000小時、主旋翼爲5,000小時，依其機種而訂有不同標準。

↑一邊懸停一邊進行輸電線維護作業的直升機。照片為「Bell 206 Jet Ranger」。
維持、管理機體上，需要耗費龐大的成本，但有許多工作只有直升機才能進
行，所以需要一直都存在著。可說是現代社會所不可欠缺的交通工具與機械。

照片提供：貝爾直升機公司

↑即使是只能乘坐2人的小型輕量直升機，維護費用也絕對不低。精簡化設計的機
體，若不極力減少零件數，便很難被拿來自用。照片為Aerocopter「AK1-3」。

6-08 能搭直升機出國嗎？
～不適合國際飛行

關於「能搭直升機出國嗎？」這樣的疑問，當然只要想的話就可以。不過，不用特別說明也知道日本是個島國。因此，要去鄰近國家一定要渡海。以距離上而言，最近的國家是韓國、俄羅斯及台灣，不過幾乎找不到以商務或旅行為目的而使用直升機的前例。雖然是續航性能內可以抵達的距離，但實際情況是日本的直升機駕駛員在國際飛行上的經驗並不足夠。

此外，每個國家的航空管制（飛行相關規定）與航行手續都不相同，因此若不請教有一定經驗的人相關知識，一定會有許多不知如何是好的事情。此外駕駛員隨時都在腦中模擬著緊急時刻的臨時降落，而如果到了海外，會有無法想像該在哪裡降落的不安。再加上亞洲國家並沒有設置太多公共直升機場的設施，所以在機場降落手續也比較簡單。如果是這樣，那就直接搭飛機去就好了。就現實而言，使用只能乘坐少人數且速度又慢的直升機並沒有什麼意義。因此在日本，是將直升機的靈活特性在島內充分發揮。比方說，海岸線附近的海難救援行動、本土與離島間的人員物資運送以及山岳地區的救援行動或人員物資運送等。

另一方面，許多海外國家都理所當然地利用直升機進行國際飛行。像是美國與加拿大，又或荷蘭、德國與瑞士等歐洲鄰近國家，就能夠毫無問題地利用直升機越過國境。

↑需要渡海越過國境時，如果沒有雙引擎、緊急用浮筒、救生艇、長距離無線電等各種裝備，要安全長時間地在海洋上飛行是相當困難的。照片為奧古斯塔魏斯蘭公司「AW139」。　　　　　　　　　　　照片提供：奧古斯塔魏斯蘭公司

↑視情況需要，直升機也可以租借於商務、休閒等用途。在國外也常會越過國境。也有航空公司準備了像這樣擁有豪華內裝客艙的直升機。照片為奧古斯塔魏斯蘭公司「AW139」。　　　　　　　　　　照片提供：奧古斯塔魏斯蘭公司

6-09 直升機的安全性？
～由100年來的歷史所確立

　　我想可能已經沒有人會覺得「直升機是危險的交通工具」了吧？直升機的安全性比起以前早已提升許多，也很少會聽到事故的新聞報導。然而，「跟飛機不一樣，如果旋翼停止的話就只有等著掉下來了」，會單純這麼想的人或許也不在少數吧！

　　其實，直升機的事故有90％以上是人為疏失。做為交通工具本身的安全性已經得到確立，因此剩下的就在於使用者能否不犯錯地正確使用。代表性的疏失，不用說當然就是駕駛員的操縱失誤、判斷錯誤。無可否認，直升機是操縱困難的交通工具，因此訓練與技能的維持也是安全措施之一。

　　就像在3-14所提到過的，在日本民間、自衛隊、美軍的直升機總計有1,500架以上，也就是說每天有大量的機體在各地飛行著。然而，每年僅有數起墜落事故而已。要讓事故率降到0在現實上或許是不可能的，但事故率卻能維持在最低限度。事故率低的其中一項主要原因，就在於透過航空法對於飛行有一定的限制，機體維護的標準也相當嚴格。而技術革新也擴展到細微之處，就算是裝備活塞式引擎的機種，在飛行中引擎停止的情況也變得極為罕見了。

　　不可遺忘的是，現代直升機的安全性大多數、都是從過去的故障與疏失中記取的教訓。每當有事故發生時，就會徹底地查明原因，並設想因應對策。這點從直升機首度飛行的100年前就開始了。

↑雖然直升機的飛行原理非常複雜，但隨著機體系統不斷地改善，安全性也得以提
　升。然而，駕駛也有必要不斷訓練，以維持操縱技能。照片為海上自衛隊的塞
　考斯基飛機公司「S-61」直升機。

6-10 未來的直升機會是怎麼樣的呢？
～以460km/hr飛行的塞考斯基「X2」

在美國2008年8月，能以460km/hr（250節）飛行的革命性直升機，完成了首次飛行。那就是塞考斯基飛機公司「X2」。目前仍為技術檢證實驗機（樣品），也仍未知是否能予以實用化，但毫無疑問地這是大幅改變了原本直升機概念的機體。

就像軍用戰鬥直升機一樣，X2可以前後搭載2名駕駛員。採用原本速度性能佳的同軸反轉雙旋翼式，更在機體最後方裝設了前方推進用的螺旋槳。最後方的螺旋槳可以產生飛機向前飛行時相同的推進力，因此透過與旋翼的結合，能夠以更高速來飛行。

讀者或許可以想成，由於採用同軸反轉雙旋翼而不需要尾旋翼，所以在此部分裝設了推進用螺旋槳。然而此概念的實用化並不是那麼地簡單。主旋翼在一定程度以上的飛行速度下迴轉，激烈的震動將帶給機體不良的影響外，還會造成失速（請參考5-06），最後變得無法產生適當的升力、無法發揮機翼的功能。若是X2的話，在飛行速度快時，會極度地降低旋翼的迴轉速度來因應。

據說一般的直升機水平速度要超過310km/hr是非常困難的事。如果此項新技術能夠加以實用化，就能夠以目前的1.5～2倍的速度飛行，直升機或許也可迎接新的時代吧！

同軸反轉雙旋翼

前方推進用螺旋槳

↑塞考斯基飛機公司「X2」首次飛行時的照片。在施瓦澤（塞考斯基旗下公司）
工廠所位於的紐約州馬頭鎮，進行約30分鐘的飛行實驗。搭載引擎為LHTEC
T800-LHT-801（1,563shp）1具。沿用了塞考斯基飛機公司與波音所共同研發
的美國陸軍直升機「Comanche」。Comanche目前已停止研發，但其技術仍被
應用在各個部分上。　　　　　　　　　　　　　　　　照片提供：塞考斯基飛機公司

X2 Technology™ Demonstrator

↑塞考斯基飛機公司「X2」的概念圖　　　　　　照片提供：塞考斯基飛機公司

185

Column
06

直升機要如何運送呢？

　　直升機的續航距離短，所以無法進行長距離飛行。如果要帶著充足燃料飛往目的地，小、中型的直升機頂多也只能飛500公里左右。也就是說，東京～大阪不加油地飛行就算是很勉強了。要從美國橫越太平洋到日本根本是不可能的事。那麼，想要以不駕駛的方式運送機體時，又該怎麼辦呢？

　　小型的機體，可以裝上拖車在道路上移動。從美國或歐洲進口機體時，通常都是裝船海運過來的。另外，直升機也可以用大型運輸機來載運。使用這項方法，可以立即將直升機載運世界各地，到目的地再飛行。但是，運送時會需要將主旋翼等零件拆下，到了當地再由維修人員進行組裝。

　　過去為了災害救援行動，東京消防廳的直升機曾飛往印尼。當時是裝上運輸機後派遣到災害現場。

↑用拖車搬運的歐洲直升機公司「AS350」。於高速公路的停車區所拍攝。

↑從美軍運輸機搬下的塞考斯基飛機公司「HH-60G」救難直升機。
照片提供：U.S. Air Force

第 **7** 章

直升機場的祕密

直升機起降落的「直升機場」
在一般的機場與醫院等都看得到，
但並非所有地方都是可以任意使用。
在本章中，就要解說
關於直升機場的各種知識。

7-01 直升機場也有許多種類
～公共用與非公共用

現在得到國土交通省承認的日本「直升機場」有118個，但其中有20個是「公共用直升機場」。所謂的公共用是受地方政府管理，只要是直升機駕駛員就都能夠自由利用的直升機場。航空公司的直升機當然不用說，自用直升機也可以使用。每次使用後都要支付降落費與停泊費，不過使用時間是由每個直升機場自行訂定，因此並非24小時都能使用。

或許讀者會覺得這個數量出乎意料地少，不過直升機在一般機場也能夠使用，所以搭配起來就能以全國各地為起飛點來飛行。然而，駕駛員要先事前確認預定要使用的直升機場「是否有加油設備」、「是否不光是噴射燃料也有提供航空汽油」等，與直升機場的管理人員及燃料業者協調後再訂定飛行計畫。在飛行途中才臨時尋找能降落的直升機場，在日本除非是緊急情況外，不然是不會發生的。

除了公共直升機場外，全部都是「非公共直升機場」，大量存在於全國各地。是公家機關或業者等因應各種用途所設置的直升機場，所以不相關的直升機是無法使用的。是所謂的「他人的土地」，如果想要使用，就必須與管理人員協調取得許可才行。

非公共用直升機場，除了作為警察航空隊或消防航空隊之據點所設置的，還有設置於大樓屋頂供新聞媒體的直升機所使用的類型。

↑ 位於港灣人工島上的神戶直升機場（公共用）。

日本的公共直升機場
豐富直升機場
增毛直升機場
砂川直升機場
二世谷直升機場
乙部直升機場
占冠直升機場
足寄直升機場
米澤直升機場
高崎直升機場
群馬直升機場
栃木直升機場
筑波直升機場
東京直升機場
靜岡直升機場
若狹直升機場
津市伊勢灣直升機場
舞洲直升機場
神戶直升機場
奈良縣直升機場
佐伯直升機場

↑ 增毛直升機場的指引標示。

7-02 直升機場少的理由是？

～意外地很少被使用的公共直升機場

大家住家附近有幾座直升機場呢？應該很少人會知道吧？雖然直升機確實經常被使用，但對於民眾而言並非日常生活的交通工具，用途也極為有限。因此，直升機場似乎就不怎麼被人們所注意。

一般人或許會想如果有許多公共用直升機場，直升機就會變得普及、成為便利的交通工具，但事實上就算設置了公共用直升機場，使用者卻相當有限。有許多地方一年的起飛次數在100次以下（平均3～4天才有1架使用的程度），如果將其營利化一定會虧本，過去也曾有直升機場被迫關閉。

加上開展直升機業務的大型航空公司，本身就擁有直升機場，是最適合進行營業的場所，又或者會使用所申請的臨時起飛場等，因此公共用直升機場便很少被使用。地理位置優越，且使用手續簡便就成為了直升機場復興的要素。然而，如果使用者少，經營航空燃料的業者便會撤出直升機場，最後成為無法補給燃料的直升機場而導致利用者更少，如此惡性循環也是問題所在。直升機場如果要能成為讓駕駛員、乘客休息的地方，最好是附近能有餐廳，但卻幾乎沒有。實情是直升機也跟飛機一樣降落在機場會比較方便。

↑ 能夠在直升機場進行燃料補給，利用價值較高。

↑ 使用海上油井直升機場的直升機。

7-03 直升機場的設置基準

～有著嚴格的規定

在航空法的定義中，直升機場被視為讓航空器起飛的一種飛行場，也可以說是直升機專用的飛行場。只要是飛行場，就需要備齊風向指示器、滅火器具等飛航所需的地上設備，也必須要明確標示管理人員的所在位置。

由此可以看出，設置基準訂定得相當嚴格。若未通過國土交通省的審查、未取得正式許可，就不能算是直升機場，所以並不能夠在自己的土地上，隨意地興建直升機場來使用。

在日本，基於安全與噪音的考量，直升機場並未設置於住家密集地區（除頂樓外），企業等想在自有土地設置直升機場，就要向國土交通省申請設置。除了必須通過環境影響評估，也需與周邊居民達成協議，因此從申請到取得設置許可，會需要花上數月到數年的時間。

現在地方政府等所經營的直升機場面積約為1.5～3公頃左右，其建設與手續所需要的費用據說最少也要1億日圓以上。此外，要在大樓屋頂設置直升機場時，在緊急降落方式的設定、設施的強度以及防災措施等各方面都有嚴格的規定。

日本的非公共用直升機場約有90座，其中在大樓等建築物屋頂的直升機場約有60座。設置於屋頂，有著除了可以避開地上居民來起飛，也能夠有效地活用既有建築物的優點。

➡ 直升機場降落帶的標誌

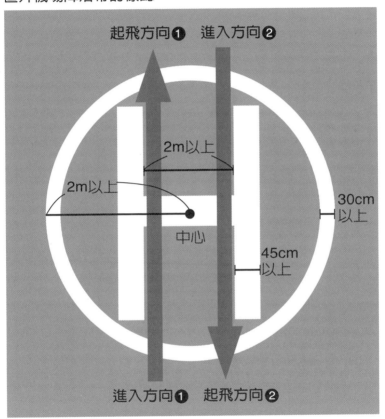

↑圓形中有以柏油畫的「H」形。規定為圓圈半徑在2公尺以上，邊緣的圈線在30
公分以上，與內部H的縱線間隔2公尺以上，字母線條的寬度在45公分以上。此
外，此H字母也是朝著直升機的進入方向所畫的。也就是可以從H字母的上下方
進入，但不能從H字母的側邊進入，有時進入方向的兩側會像跑道一樣地以跑道
編號（方位）表示。也會標示「5t」等代表降落機體重量限制的數字（標誌在各
國航空法中各不相同）。

7-04 直升機場以外的起降
～全部都需經過申請

應該有很多人看過在摩天大樓屋頂等各種地方標示著Ⓗ或Ⓡ等記號吧！那是表示直升機可以起飛的記號。但標有這些記號的絕大部分場所，都不是前面所說的公共用直升機場或非公共用直升機場。

這些場所是被設置來作為「緊急起降場」，因此是在災害時的救援行動等情況下使用的設施。除了緊急情況外，民間直升機不得隨意降落。之所以設置在大樓屋頂，是設想為在火災發生時能以直升機裝載人員避難，又或讓救難隊員能夠降下。在航空法的規定中，警用或消防等救援直升機可以視情況所需，不需經事前申請便能夠在這些場所降落。此外，自衛隊與美軍的直升機也在航空法適用範圍外，可以在任何地方降落。

民間直升機如果想降落在直升機場以外的地方，駕駛人必須向國土交通省提出「飛行場以外起降場（臨時起降場）」的使用申請，取得許可後才能使用。進行農藥噴灑或是山岳地帶的物資運輸，以及降落在操場或田野地帶等情況也是如此。另外，雖然也有以遊覽飛行或休閒為目的，在高爾夫球場或停車場起降的情況，但全部都需要經過申請。

急救直升機雖然被分類在民間直升機中，但是是在接獲消防機關的要求後以救援為目的而出動，因此在航空法上並沒問題，可依駕駛員的判斷降落在任何地方。

←↓摩天大樓屋頂上設置「臨時起降場」是基本義
務。在東京都45公尺以上的大樓皆為適用對象。Ⓗ
表示可以進行直升機的降落，Ⓡ點則是可以讓直升
機以懸停的方式救出受困者。

↑急救直升機所待命的醫院直升機場，被指定為非公共用直升機場或是飛行場外起
降場。

7-05 所謂的直升機的聖地？
～東京直升機場

　　日本最大的直升機場是位於東京都江東區的「東京直升機場」。一年之間的起降次數多達13,000次。平均1天約有35次起降，由於航空公司營運的關係，平日較多，假日較少。這點不同於機場，或許可以說是直升機場才有的特徵。1972年開港之後，全國直升機最多的泡沫經濟時代，曾有1年高達16,000次的紀錄。

　　東京直升機場面臨東京灣，是唯一位於都心的公共直升機場。因為是臨海地區，帶給周遭的噪音困擾較小，同時也考慮到了安全性，以地理位置優越而聞名。除了有東京消防廳、警視廳、川崎市消防局的直升機常駐外，也成為朝日航洋、中日本航空、東邦航空及赤城直升機公司等大型直升機公司的據點。除了出租及遊覽飛行、病患運輸等，也有電視台、報社等的採訪直升機待命，配置的直升機達100架以上。

　　直升機集中在東京直升機場的理由之一，是因為羽田機場並不允許直升機的起降（配置於羽田機場的採訪直升機為例外）。東京都的直升機使用據點，還有芝浦直升機場（大樓樓頂）、調布起降場、立川飛行場等。東京直升機場以外起降數較高的有筑波直升機場（茨城縣）、群馬直升機場（群馬縣）、靜岡直升機場（靜岡）、神戶直升機場（兵庫縣）、舞洲直升機場（大阪府）。尤其是茨城、群馬、靜岡等先前沒有機場地區的公共用直升機場，最常被使用。

↑ 經常有大量直升機起降的東京直升機場。

↑ 正要進入東京直升機場著陸區。跑道長為90公尺，是直升機專用的飛行場（著陸區的面積為90x30公尺的長方形）。與一般的飛行場同樣以跑道編號標示，前方為Runway 19，另一方向進入則為Runway 01。使用方向會隨風向而變更。要起飛的直升機一定會由地上移動（或懸停）到此著陸區，從這裡向規定的方向起飛。降落時同樣也是以此著陸區為目標進入，之後再懸停移動至停機點是基本規則。Runway 19乃是表示其進入方向為方位190度的意思。

7-06 機場裡的直升機場
～與飛機一樣地起降

直升機除了直升機場外，也能夠利用機場（有跑道的飛行場）起降。事實上利用機場的直升機反而較多，這是日本的實際情況。其理由雖然與直升機場數較少有關，但這也是因為機場有著各種完善的飛航支援設備。進行直升機營運的航空公司也大多以機場為據點。比方說，丘珠機場、仙台機場、名古屋機場、八尾機場、福岡機場、那霸機場等各地方機場，都有直升機頻繁地起降著。

雖然理論上直升機起降時並不需要跑道，但在日本，原則上，直升機於機場時會與飛機一樣通過滑行道與跑道上方後起飛。這是因為如果飛機與直升機採用不同飛行方式，被認為不利於交通管理。然而，直升機起降落用的規則也依機場而有所不同，所以還是會存在著例外。此外，在美國的想法也不同，為了不妨礙到使用跑道的飛機起降，直升機起降時是不使用跑道的。

在設置了「直升機場」的機場裡，可以直接從該地降落或起飛。所謂的直升機場，是設置於飛行場內直升機專用的起降空間（著陸區），也有的是設置在滑行道上，以Ⓗ記號標記，因此從上空可以一目瞭然。也有設置了多個直升機場的機場，但原則是以使用直升機場起降落時，必須以跟跑道同方向進入。另外，這也是進行懸停與自旋訓練時的標記。

↑為了降落而進入機場跑道的直升機。降落裝置為滑撬式的直升機，在即將接觸
跑道前會變換成懸停狀態。降落裝置為車輪式的直升機則會直接降落在跑道上
後，在地面上移動進入停機場。跑道的使用方法跟飛機一樣。

7-07 航空大國美國的規則
～任何地方都能降落！

在沒有跑道的場所也能夠降落是直升機的優點，但在日本的航空法中，有著不得在未經許可的場所降落的規定。此外，也訂定了「最低安全高度」，在沒有住家的地區或水面上為150公尺，在住家密集地區則不能以低於300公尺的高度飛行。除了能夠降落的場所有限制外，也不能夠進行極低空的飛行。

在美國並沒有限制直升機飛行高度。而且，在任何地方降落也沒關係。在目視飛行的情況下，也不需要提出飛行計畫，因此駕駛員可以自由地飛行尋找景色優美的地方，隨心所欲地降落。著陸後關掉引擎，直接就能夠做運動或是烤肉。也能夠搭直升機前往有大庭院的朋友家。

在洛杉磯機場，停車場的頂樓為直升機場，商務機或自用機都能夠隨意使用。奇特的是，雖然從地上進入的汽車要收停車費，但直升機的降落卻是免費的。也能夠駕駛直升機去迎接搭客機抵達的人，使用直升機場時也完全不需提前辦理手續，只要告知管制塔臺想降落即可。

不過，雖然直升機可以降落在任何地方，也不能造成他人的困擾。散發噪音，或降落時將他人的土地弄得亂七八糟，在美國可能會引起民事糾紛。雖然說在航空法上是自由的，駕駛員也有責任去判斷降落地點。

© Eurocopter/ Jérome DEULIN

↑ 在美國也能自由地降落在直升機場外的地方。

↑ 降落在洛杉磯機場的停車場頂樓。標示有直升機場的標誌。也有停機空間。

7-08 在船上也能起降的直升機
～在海洋上移動的直升機場

大家應該都知道「空母（航空母艦）」吧？像是美軍就擁有大量空母作爲移動航空基地，當然也能夠進行直升機的起降。在日本，在海上自衛隊的護衛艦與海上保安廳的巡邏船中，就有擁有飛行甲板的船隻，能夠進行直升機的起降。尤其在兼具了機庫與飛行甲板的船上，就能夠載著直升機進行遠洋航行，視情況需要派遣直升機進行救難等任務。在船上也準備了充足的航空煤油（噴射燃料），所以能夠進行補給。

大型客船、醫療船與其他的作業船隻中，有些也設置有直升機場，不時進行民間直升機的起降。大多是爲了因應船內出現亟需急救之患者時所設置的，像是鑽井船等需要長期滯留在特定海域上，所以會使用直升機來做人員的交換，進行與陸地間的往返輸送。

然而，直升機的續航距離短，所以會搭載燃料以便往返使用，且爲了保險起見，會以距離陸地半徑300公里左右爲極限。

也有從遠洋船將患者運送往陸地上的醫院的例子。海上保安廳會在海洋上以一定間隔配置能夠進行補給的巡邏船，透過這些船隻就能夠飛行1,000公里以上。

此外，如果從海上船隻起飛，並沒有像陸上直升機場一樣的規範，原則上船與直升機可以自由地搭配運用。

©Eurocopter/ Jérome DEULIN

↑搭載大量乘客的豪華客船上，會設置運送急病患者用的緊急用直升機場。

↑降落於海上保安廳巡邏船甲板的AS332救難直升機。

7-09 裝有浮筒的直升機
～也能夠降落在水面上

直升機的種類中，除了有陸上機外也有水上機，這點在3-01便曾提過。

水上直升機能夠直接降落在湖面或海上。像這樣的運用，在日本雖然很少看得到，但還是會進行以特定水域作為直升機場的訓練。降落在水面上之後，只要操作駕駛桿與腳踏板就能夠像船一樣自由地轉換方向，但基本上不能進行水面滑行。

水上直升機的降落裝置通常不是滑撬，而是會裝設大型的「浮筒」。只要裝設了這種浮筒就能讓機體浮在水面上，所以降落後關掉引擎也沒關係。

不過，雖說能運用於水面上，但很少會使用在海上（尤其是遠離海岸的海上）。這是因為鹽害會使之後的維護作業變得相當困難外，在浪潮的影響下也有可能無法穩定地降落。大部分的情況下，會使用在湖泊或河川中。在紐約與溫哥華，還能看到在河川一角設置水上直升機場，與遊艇等船隻一起停泊的景象。

此外，經常飛行於海上的陸上直升機，也能夠在機體上安裝緊急展開用浮筒。這是緊急水上降落用的裝備，平常並不會使用。

軍用直升機中有與船底相同形狀（防水艇體型）的機種。然而這並非完全的水上直升機，所以降落後也需要繼續發動引擎，操作旋翼的下降氣流與升力讓機體不下沉。

↑「Robinson R-44」也被用來當作水上直升機使用。降落裝置不是滑撬，而是裝上了大型浮筒 。

照片提供：五十嵐榮二

↓機體下部為船底般形狀的海王軍用直升機。在收納機體兩側的主輪部分裝上了浮筒。

國家圖書館出版品預行編目資料

直升機為什麼這樣飛？／坪田敦史 著；林鍵鱗 譯．
—— 初版．—— 臺中市：晨星，2011.07
面；公分．——（知的！：31）

ISBN 978-986-177-502-9（平裝）

1. 直升機

447.738   10001084

知的！31

直升機為什麼這樣飛？

能夠在空中變身成飛機的直升機？
引擎就算停止也不會墜落的原因是？

作者	坪田敦史
譯者	林鍵鱗
編輯	陳俊丞
校對	陳俊丞、張沛然、黃幸代
行銷企劃	陳俊丞
美術編輯	賴怡君
封面設計	楊聆玲

創辦人	陳銘民
發行所	晨星出版有限公司
	407 台中市西屯區工業 30 路 1 號 1 樓
	TEL: 04-23595820　FAX: 04-23550581
	行政院新聞局局版台業字第 2500 號
法律顧問	陳思成律師
初版	西元 2011 年 07 月 15 日
再版	西元 2020 年 10 月 01 日（五刷）

總經銷	知己圖書股份有限公司
	（台北公司）106 台北市大安區辛亥路一段 30 號 9 樓
	TEL：02-23672044 ╱ 23672047　FAX：02-23635741
	（台中公司）407 台中市西屯區工業 30 路 1 號 1 樓
	TEL：04-23595819　FAX：04-23595493
	E-mail：service@morningstar.com.tw
	網路書店 http://www.morningstar.com.tw
讀者專線	02-23672044
郵政劃撥	15060393（知己圖書股份有限公司）
印刷	上好印刷股份有限公司

定價 290 元

ISBN 978-986-177-502-9
Published by Morning Star Publishing Inc.
Helicopter no Saishin Chishiki
Copyright ©2009 Atsushi Tsubota
Chinese translation rights in complex characters arranged with Softbank Creative Corp.,
Tokyo through Japan UNI Agency, Inc., Tokyo and Future View Technology Ltd., Taipei.
Printed in Taiwan

◆讀者回函卡◆

以下資料或許太過繁瑣，但卻是我們了解您的唯一途徑
誠摯期待能與您在下一本書中相逢，讓我們一起從閱讀中尋找樂趣吧！

姓名： 性別：□ 男□ 女 生日： ／ ／

教育程度：＿＿＿＿＿＿＿＿＿＿＿＿＿＿＿＿＿＿＿＿＿＿＿＿

職業：□ 學生 □ 教師 □ 內勤職員 □ 家庭主婦
□ SOHO族 □ 企業主管 □ 服務業 □ 製造業
□ 醫藥護理 □ 軍警 □ 資訊業 □ 銷售業務
□ 其他＿＿＿＿＿＿＿＿＿＿＿＿＿＿＿＿＿＿＿＿＿＿＿＿＿＿

E-mail：＿＿＿＿＿＿＿＿＿＿＿＿＿＿＿＿＿＿＿＿＿＿＿＿＿

聯絡電話：＿＿＿＿＿＿＿＿＿＿＿＿＿＿＿＿＿＿＿＿＿＿＿＿

聯絡地址：□□□＿＿＿＿＿＿＿＿＿＿＿＿＿＿＿＿＿＿＿＿＿

購買書名：直升機為什麼這樣飛？＿＿＿＿＿＿＿＿＿＿＿＿＿＿

．本書中最吸引您的是哪一篇文章或哪一段話呢？＿＿＿＿＿＿＿

．誘使您購買此書的原因？

□ 於＿＿＿＿＿書店尋找新知時□ 看＿＿＿＿＿報時瞄到□ 受海報或文案吸引
□ 翻閱＿＿＿＿＿雜誌時□ 親朋好友拍胸脯保證□ ＿＿＿＿＿電台DJ熱情推薦
□ 其他編輯萬萬想不到的過程：＿＿＿＿＿＿＿＿＿＿＿＿＿＿

．對於本書的評分？（請填代號：1. 很滿意 2. OK啦！ 3. 尚可 4. 需改進）

封面設計＿＿＿＿＿版面編排＿＿＿＿＿內容＿＿＿＿＿文／譯筆＿＿＿＿

．美好的事物、聲音或影像都很吸引人，但究竟是怎樣的書最能吸引您呢？

□ 價格殺紅眼的書□ 內容符合需求□ 贈品大碗又滿意□ 我誓死效忠此作者
□ 晨星出版，必屬佳作！□ 千里相逢，即是有緣□ 其他原因，請務必告訴我們！

_____

．您與眾不同的閱讀品味，也請務必與我們分享：

□ 哲學 □ 心理學 □ 宗教 □ 自然生態 □ 流行趨勢 □ 醫療保健
□ 財經企管 □ 史地 □ 傳記 □ 文學 □ 散文 □ 原住民
□ 小說 □ 親子叢書 □ 休閒旅遊 □ 其他＿＿＿＿＿＿＿＿＿

以上問題想必耗去您不少心力，為免這份心血白費

請務必將此回函郵寄回本社，或傳真至（04）2359-7123，感謝！
若行有餘力，也請不吝賜教，好讓我們可以出版更多更好的書！

．其他意見：

晨星出版有限公司 編輯群，感謝您！

407
台中市工業區 30 路 1 號

晨星出版有限公司

更方便的購書方式：

（1）網站：http://www.morningstar.com.tw
（2）郵政劃撥 帳號：15060393
　　　　　戶名：知己圖書股份有限公司
　　　請於通信欄中註明欲購買之書名及數量
（3）電話訂購：如為大量團購可直接撥客服專線洽詢

◎ 如需詳細書目可上網查詢或來電索取。
◎ 客服專線：02-23672044 傳眞：02-23635741
◎ 客戶信箱：service@morningstar.com.tw